目录

TITLE
Ektachrome
SLIDE
PROCESSED BY LOYAL COLOR
PROCESSED BY LOYAL COLOR

开始编织之前

材料和工具

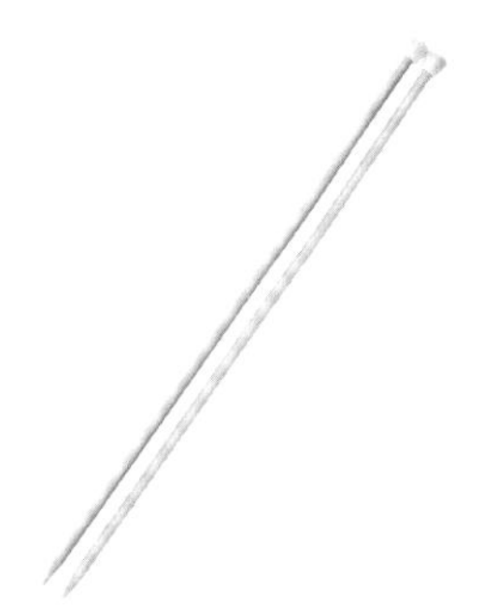

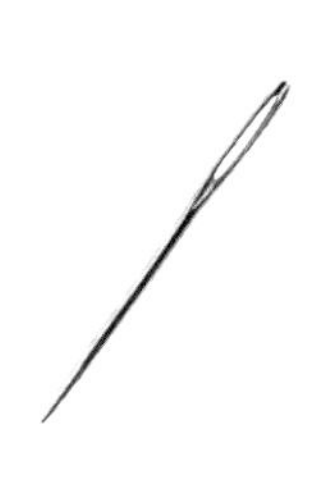

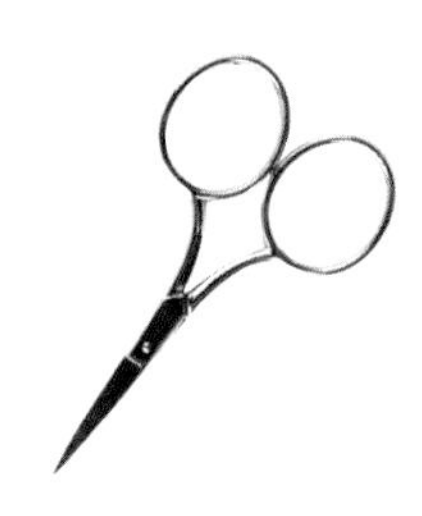

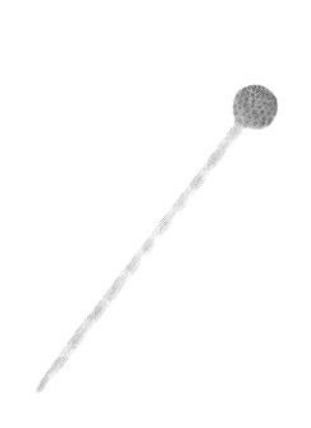

毛线…请参照本书中编织方法部分提供的材料，选择自己喜欢的毛线。选择毛线是编织的乐趣之一。完全按照自己的喜好来也没关系，但最好还是事先仔细看过标签上的信息。

棒针…准备适合所选毛线的号数（粗细）。号数越大，针就越粗。棒针有带头、不带头两种，本书中的作品主要使用带头的针编织。

手缝针…用于织片的收尾，如钉缝和接缝，或者缝合不同布块时用。它的特点是比裁缝用的缝衣针粗，而且针头不尖。

剪刀…用于线、流苏、绒球等的裁剪。请不要使用普通的剪纸剪刀，要使用编织专用的剪刀。

珠针…用于缝合织片以及暂时收针时固定织片用。收尾阶段有了专用的珠针，多少会方便一些。

基本常识

如何阅读标签

线团的标签提供了许多信息。在编织没有结束之前，留下一张随身携带吧。

①色号及批次
即使色号相同，批次不同也会使颜色产生细微的差别。再购时需要注意。
②线的成分和品质
③一团线的重量和长度
可以帮助规划编织作品。通过重量和长度的关系，大致能推算出线的粗细程度。

④使用、保养方法
⑤线的名称
⑥适合的针
这是选择相应棒针的标准。但可以根据编织物的具体需求调整，仅作参考。
⑦密度
10cm×10cm面积内的织片中能容纳的针数和行数（下针编织）。

如何抽取线头

在线团中心找出线头，抽出使用。线团外侧也有线头，但是如果将外侧的线头抽出使用，线团容易滚动，不利于编织，而且织线也会出现不自然的扭转。

线的拿法以及持针的方法

棒针编织时，移动两根棒针的针尖，从针目中拉出线，起好一针。
推荐“法式持针法”，新手也能轻松掌握。

左手
将线从食指外侧向内侧穿过，经过中指、无名指，拉向小指内侧，一边调整线的松紧，一边编织。用拇指和中指拿住织片，无名指、小指辅助。

右手
用拇指和食指捏住针尖和织片，剩下三指辅助。食指压住移到右针的针目（织好的针目），让其不松动。

编织的 3 种基础技法

起针、编织、收针

本书的作品设计仅使用了手指挂线起针、下针、伏针收针 3 种基本针法。
只要掌握了它们，就能立刻尝试编织。再靠自己领悟、发挥，也能织出不错的作品。
如此强的包容力也正是编织的魅力之一。当然，本书也列出了收尾工作的要点(第 44 页)。

基础技法

① 起针=手指挂线起针

欢迎进入编织世界的大门。
虽然这是最初学习的技法，但却是任何作品都能使用的重要技术。来织第 1 行吧。

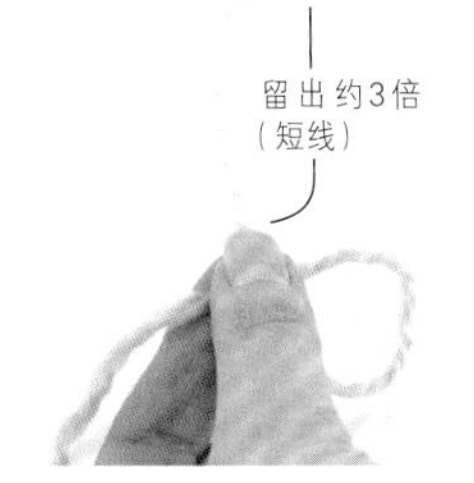

1. 在线起头处，留出约为编织长度 3 倍的线，绕成一个环。

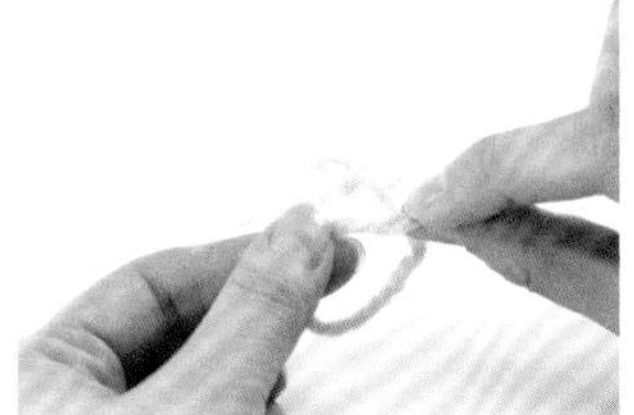
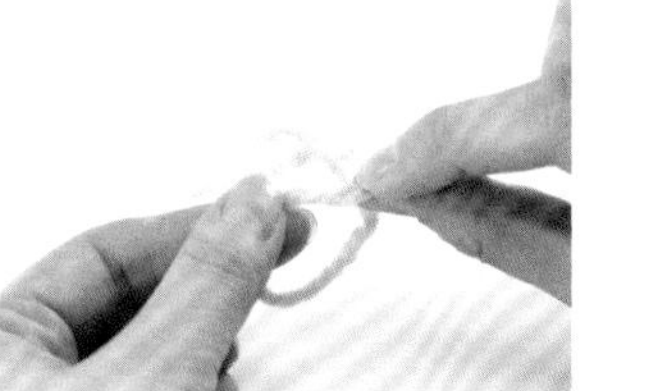

2. 从环中抽出短线。

3. 绕成一个小环，在环中插入两根棒针。

短线

线团

4. 拉动短线，使小环缩小(第 1 针完成)。

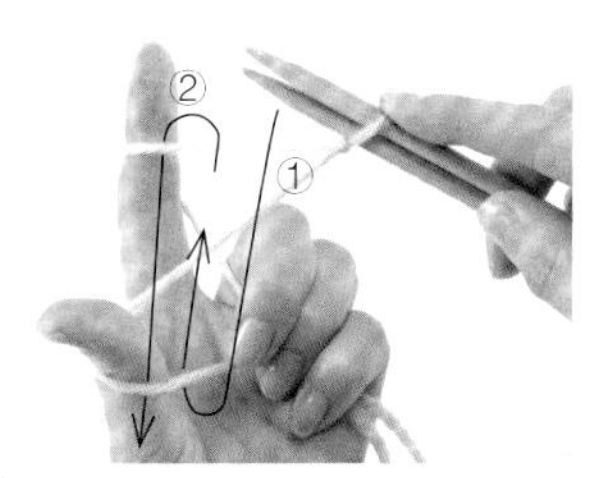

5. 将短线和线团的线分别挂在大拇指和食指上，在紧紧拉住线的状态下，按照箭头方向移动针头。

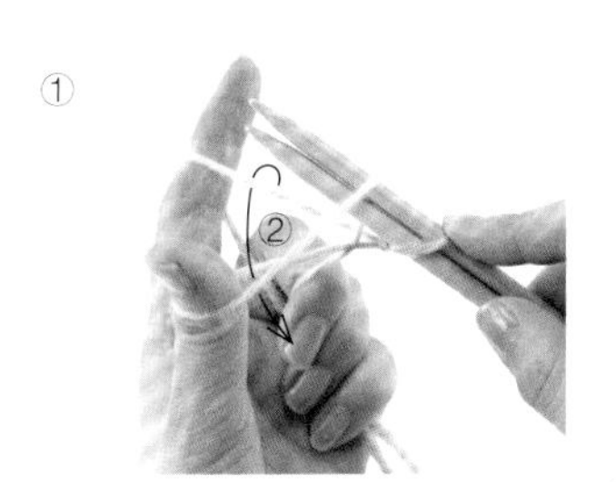

6. ①挑起拇指外侧的线。②按照箭头方向从上方挑起食指的线，将其穿过由拇指形成的环并拉出。

7. 拉出后的状态。放开拇指。

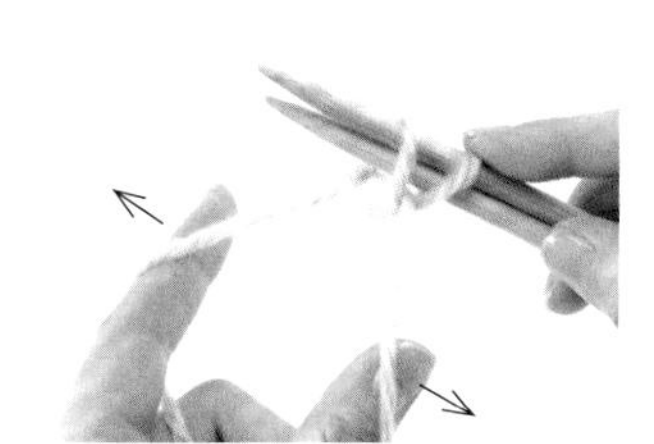

8. 用拇指和食指拉紧针目。

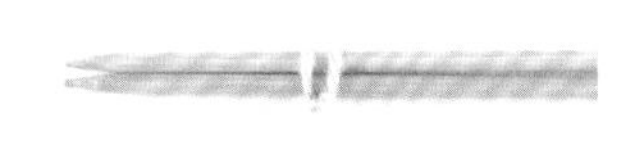

9. 第 2 针完成。

10. 回到步骤 5 的基本手势，重复步骤 6~8，织出必要的针数。

11. 抽出 1 根棒针。第 1 行就织好了。

要点

拉线时尽量使用同样的力度、角度，使针目整齐

基础技法 ② 编织=下针（起伏针）

往返编织下针，就能形成正反两面相同的“起伏针”。
这是本书使用的唯一一种编织针法，所以，努力掌握哦！

用符号图来表示从正面看到的织物。
1行“下针”，1行“上针”，交替编织。

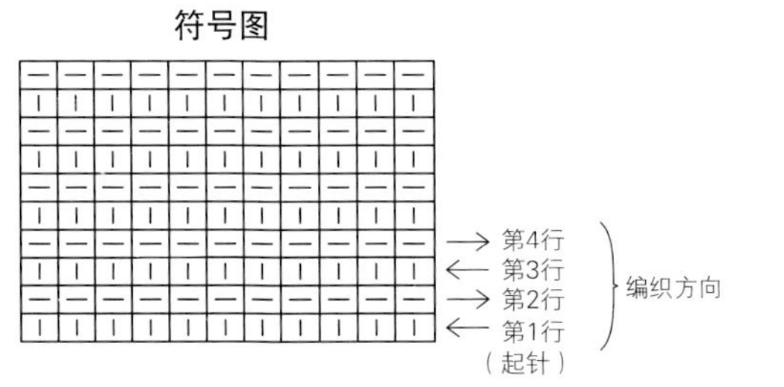

下针

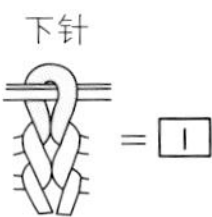

上针（从下针反面看到的样子）

第1行

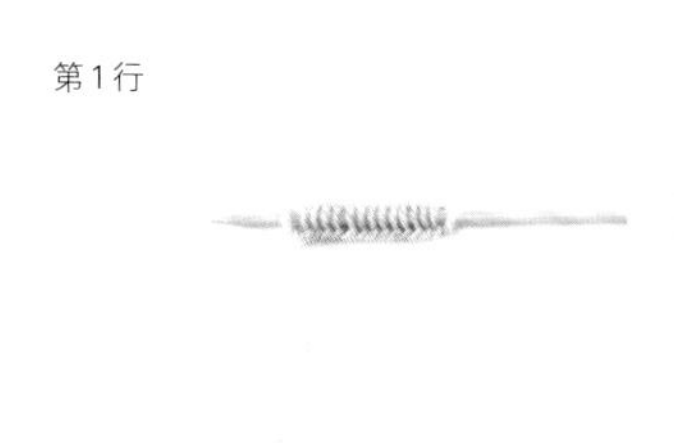

1. 使用手指挂线起针法，编织指定的针数。

第2行

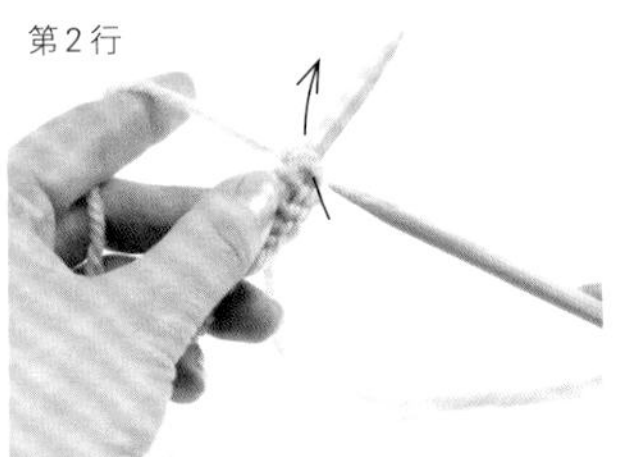

2. 将起好针目的棒针换到左手，按照图示箭头方向插入另一根棒针。

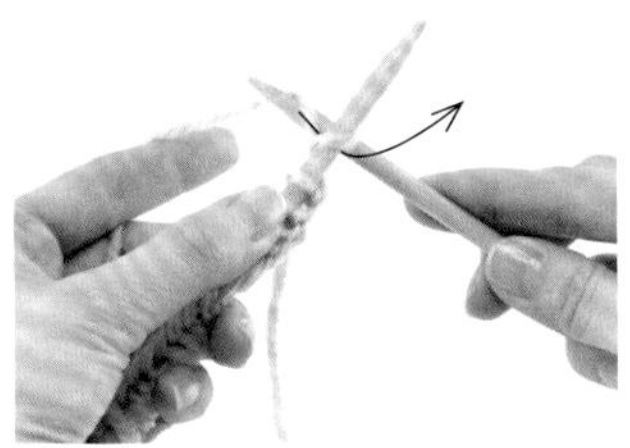

3. 在右棒针上挂线。

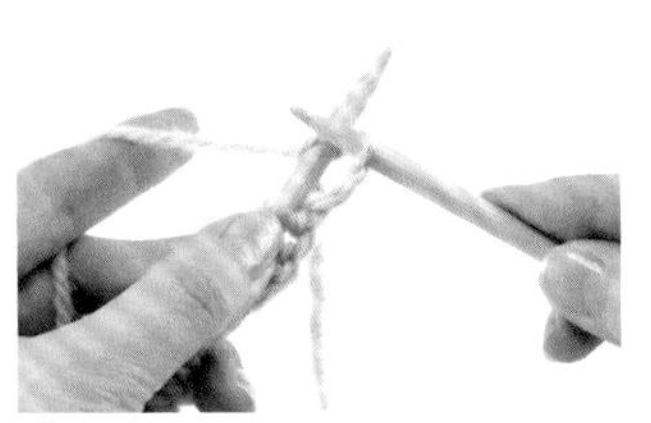

4. 将线拉出，从左棒针脱离。

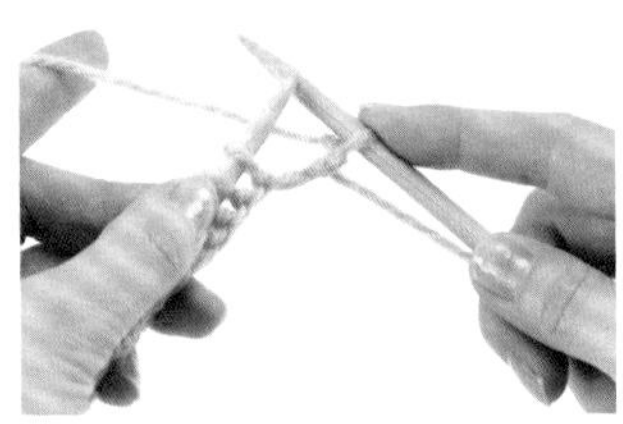

5. 最初的1针完成了。

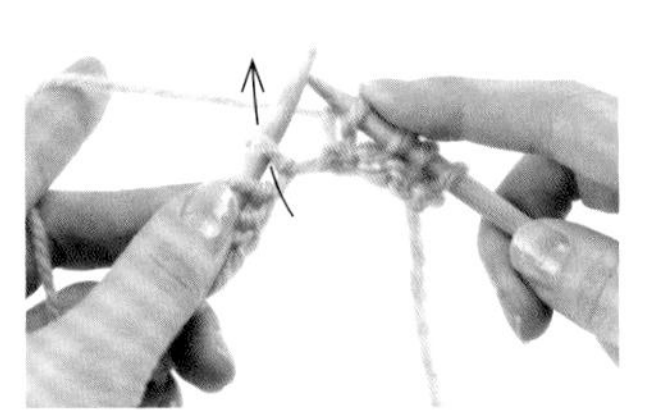

6. 从第2针开始，也从前面按照图示箭头方向入针，重复步骤3、4，直到最后一针。

第3行

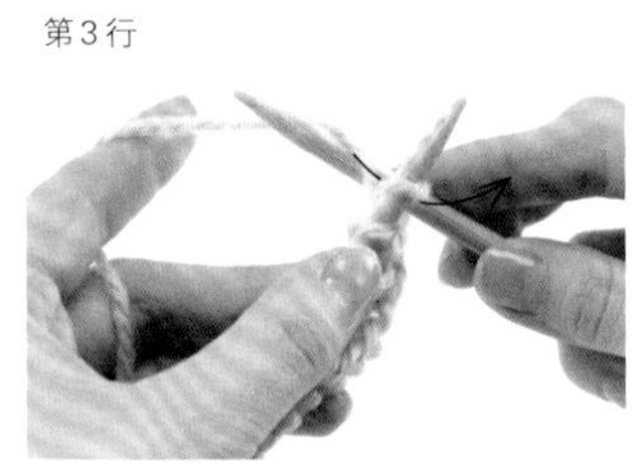

7. 将织片换手，将右棒针插入第1个针目，拉出线。

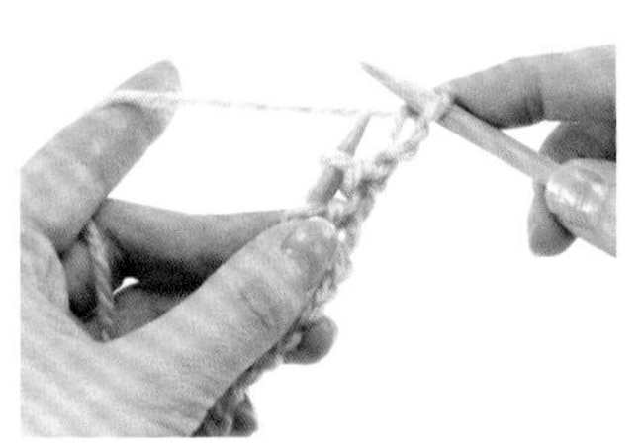

8. 从左棒针脱离。

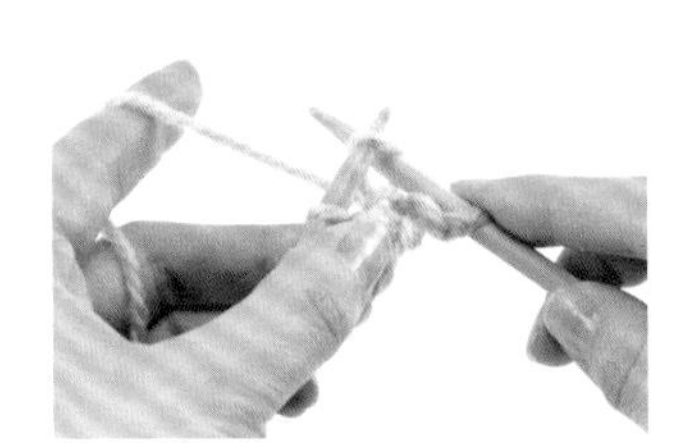

9. 从第2针开始，也用同样的方法继续编织。

10. 直到最后一针。

11. 继续重复，完成指定行数。

要点

两边的针目容易拉长、变形，编织时线不要一下拉出太多

基础技法

③ 收针=伏针收针

编织终点处，使编织好的针目不会松开，并使织片从棒针上取下的方法。
用伏针收针法收针的针目叫作“伏针”。使用编织终点的线头伏针收针。

符号

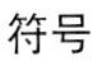

伏针

1. 编织开头的2针。

2. 将左棒针的针尖插入第1针中，用第1针的针目套住第2针的针目，这样就从右棒针上取下了。

3. 第1针伏针完成了。

4. 接下来编织第2针。

5. 使用左棒针的针尖，盖住前面一针。重复此步骤。

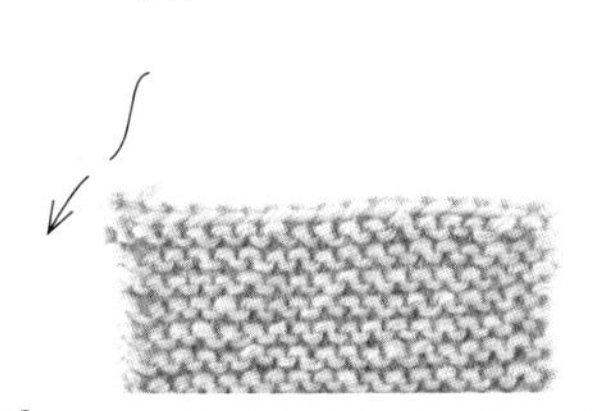

6. 最后将线头穿过最后的针目，拉紧。

要点

收针不要过紧，因此在每一针拉出时都要注意力度

收尾=处理线头

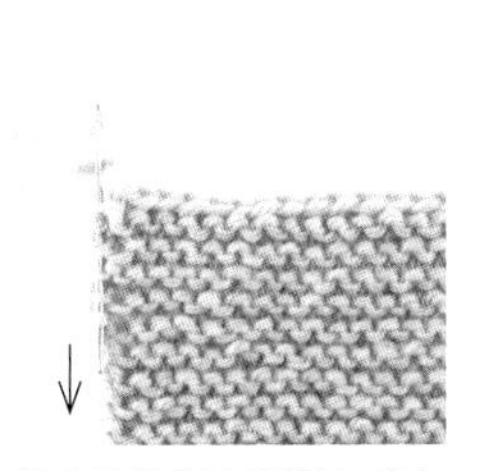

1. 将编织终点的线穿过手缝针，穿入边缘的针目两三厘米。剪掉多余的线头，就完成了。

2. 编织起点的线头也同样处理。

整理=熨烫

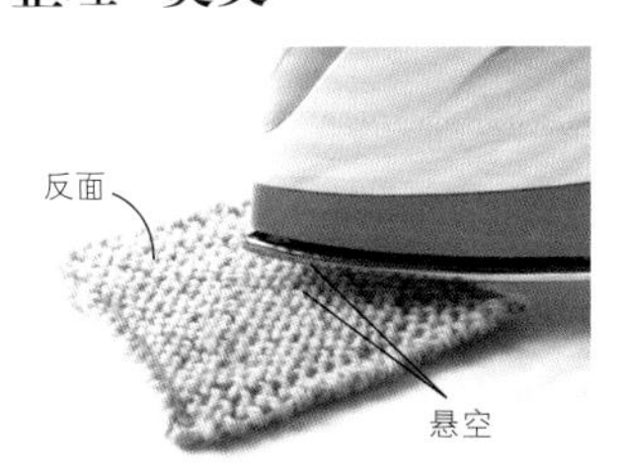

为了不压坏针目，将熨斗悬空，从反面蒸汽熨烫，整理针目。

颜色创意

享受改变颜色
带来的乐趣吧

纯色也很不错，但能够使用多种颜色也是编织的优点之一。
镶边、条纹、拼布风格等，活用颜色是迈向原创的第一步。
有创意地使用颜色，享受编织吧。

No.1

混色围巾

如果你已经厌倦了素色的围巾，那就果断使用多彩的颜色编织吧！
四色的宽条纹图案应能成为搭配的主角。

设计 / 杉山友　制作 / 甲斐直子
编织方法 / 见 50 页
使用线 / 和麻纳卡

举一反三

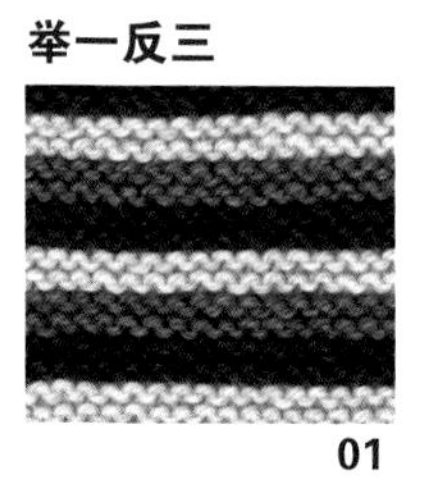

01

02

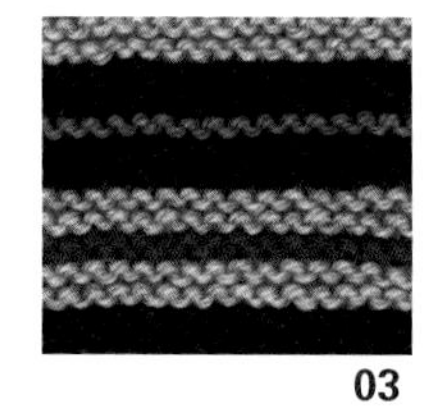

03

No.2

横条纹围巾

通过色块宽度的微妙变化，体现出手工的感觉。
可自由改变颜色和宽度，正是横条纹的优点。

设计 / 杉山友
编织方法 / 见 51 页
使用线 / 和麻纳卡

No.3

竖条纹围巾

把上一作品的编织方向改为横向，便立刻变成了竖条纹图案。由于针数较多，可以使用环形针编织。

设计 / 杉山友　制作 / 尾崎广乃
编织方法 / 见 52 页
使用线 / 和麻纳卡

No.4

横竖条纹拼接帽

将两块疏密稍有不同的织片拼接在一起。
任何一个角度都可以当作正面，
按照当天的心情，来自由决定横竖比例吧。

设计 / 野口智子　制作 / 汤浅光海
编织方法 / 见 53 页
使用线 / 和麻纳卡

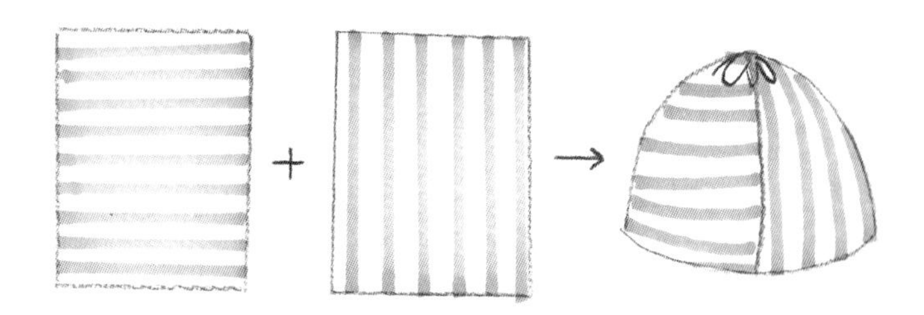

No.5

抽绳帽

横向直编的织片缝合后，顶部只用抽绳拉紧即可。
正反面的纹路稍有不同。
版型宽松，也可以作围脖用。

设计 / yohnKa
编织方法 / 见 54 页
使用线 / 和麻纳卡

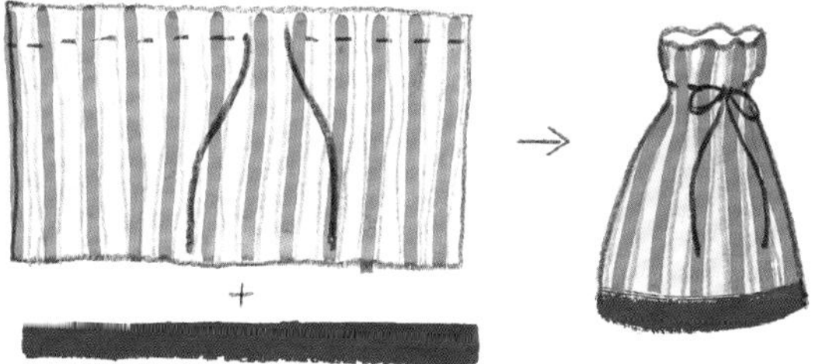

E
J
No.6
No.7
R
G
N
P

No.6、7
螺旋拼接帽

将窄窄的织片织得长长的，然后一圈圈绕缝成帽子。
颜色数量的不同会使其给人的印象完全不同。这是一款非常好玩的帽子。

设计 / 笹谷史子
编织方法 / 见 55 页
使用线 / 和麻纳卡（中粗）

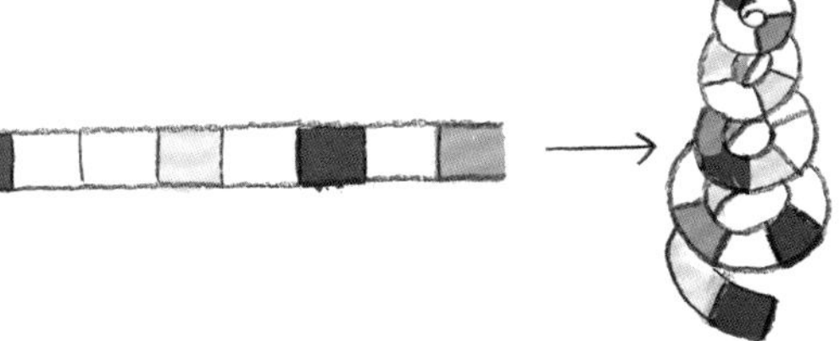

No.8

No.9

No.8、9

双色拼接围巾

将两块色彩丰富的织片接缝在一起。
这种方式说不定也可以用在毯子的制作上呢。

设计 / 野口智子　制作 / 池上 舞
编织方法 / 见 56 页
使用线 / 和麻纳卡（中粗）

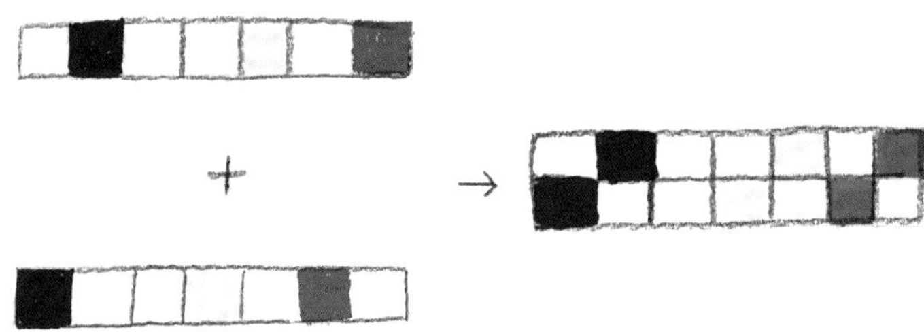

No.10
三色发带

1 条不起眼的织带，同时织出 3 条并在一起却瞬间变身为出色的物件。
作为发带，或者装饰领，都能发挥出色的效果。

设计 / 冈本真希子
编织方法 / 见 57 页
使用线 / 和麻纳卡（中粗）

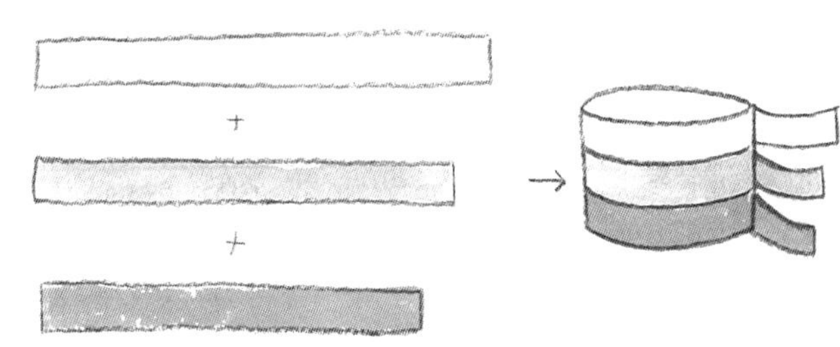

No.11

六条织带拼接帽

不循规蹈矩地将织带的这一头与那一头连接在一起，
而是在缝合时留出喜爱的长度，便成了这一款能强烈体现个性的帽子。

设计 / 冈本真希子
编织方法 / 见 58 页
使用线 / 和麻纳卡

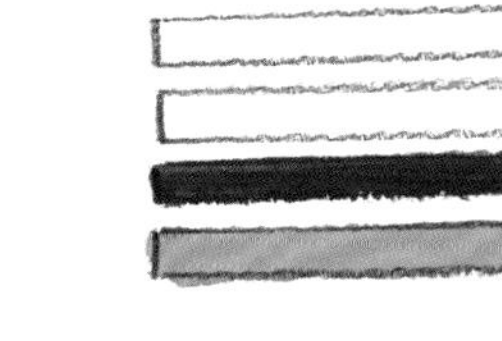

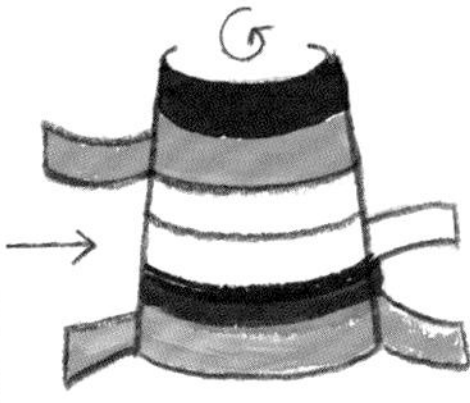

毛线创意

享受改变毛线
带来的乐趣吧

将不同粗细、质感和颜色的毛线混在一起编织。
仅仅这样做，就立刻大大增加了毛线所拥有的可能性。
展现毛线与毛线的各种新组合，也可以说是编织者的任务。
有创意地使用毛线，享受编织吧。

No.12

凹凸围巾

粗线和细线。有意使用同样粗细的针编织，
针数也相同。
明明只是简单的等针直编，却产生了这样的效果……毛线真有意思。

设计 / 小野裕子（ucono）
编织方法 / 见 59 页
使用线 / 和麻纳卡

No.13

粗细线帽子

在厚实的粗线织片上，稀疏地织上一些细线。
组合起来，说不定会收到意想不到的好效果。

设计 / 小野裕子（ucono）
编织方法 / 见 60 页
使用线 / 和麻纳卡

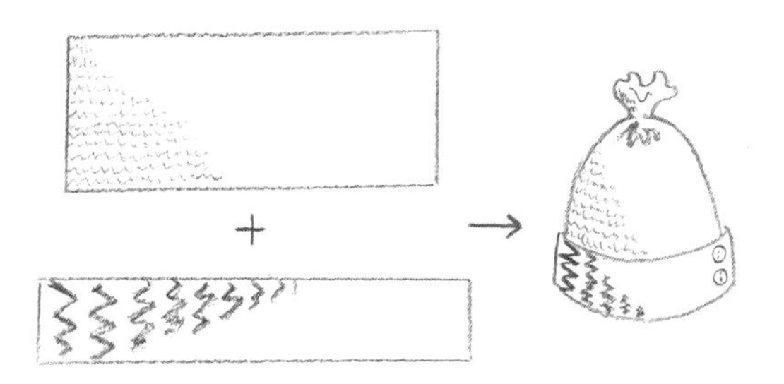

No.14

三色混织围脖

将颜色不同的三股毛线放在一起编织，
形成新的混合色。
尝试各种毛线的搭配，也是一种乐趣。

设计 / yohnKa
编织方法 / 见 61 页
使用线 / 和麻纳卡（粗）

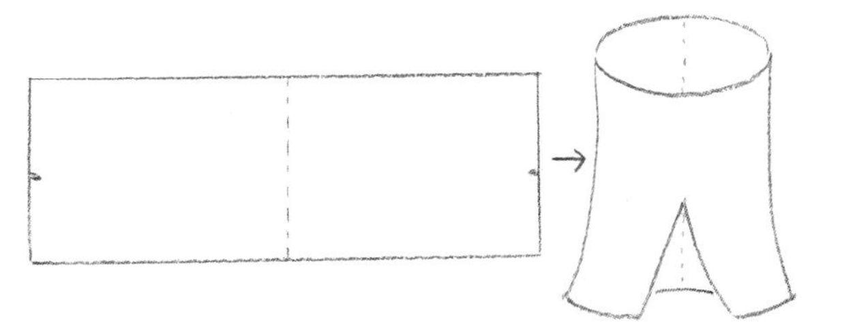

No.15

No.15、16

带绒球的双色混织围巾

将 2 股粗毛线一起编织，即使是短围巾也一样温暖蓬松。
用两个绒球牢牢地固定住围巾。

设计 / 小野裕子（ucono）
编织方法 / 见 62 页
使用线 / 和麻纳卡

举一反三

01

02

03

No.16

No.17
不收针穿线围巾

故意让织好的针目松散（不收针），并在其中穿入新的毛线。这样就在横条纹中自然地加入了竖条纹元素。

制作／茂木三纪子
编织方法／见64页
使用线／和麻纳卡

No.18

不收针穿线帽子

这是可以通过调节抽绳变身为围脖的两用帽子。
在起伏针织法中加了些许变化的织片，
不可思议地呈现出复杂的设计感。

制作 / 茂木三纪子
编织方法 / 见 66 页
使用线 / 和麻纳卡

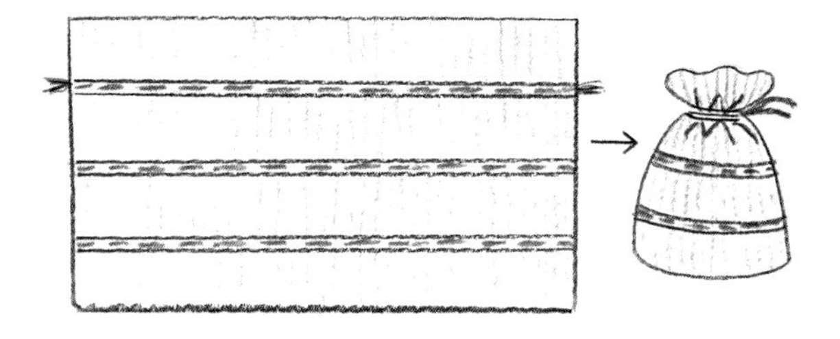

No.19

随意加穗的围巾

在编织过程中，试着加入喜欢的毛线吧，
然后在想要的地方剪断。
这是不喜拘束之人使用毛线的新颖方法。

设计 / 笹谷史子
编织方法 / 见 63 页
使用线 / 和麻纳卡

No.20

渐变混色帽

通过改变毛线的组合，表现颜色的渐变层次。
即使不使用段染的毛线，也能享受颜色变化的乐趣。

制作 / 野口智子
编织方法 / 见 68 页
使用线 / 和麻纳卡（中粗）

举一反三

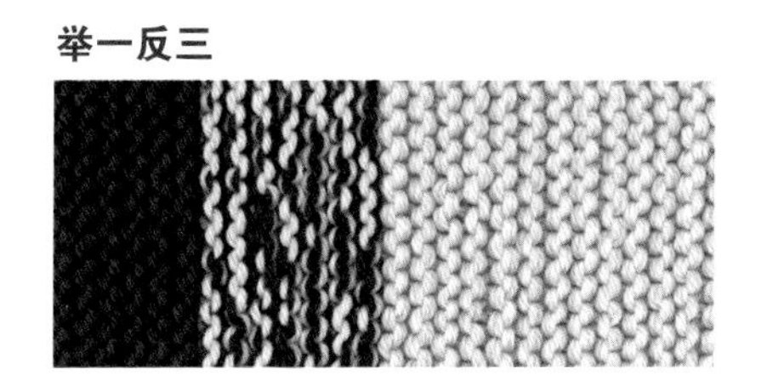

形状创意

享受改变形状
带来的乐趣吧

织片有伸缩性，因此，即使仅仅是直线编织，也能呈现出色的形状。
总之，编好喜欢的织片后，像拼拼图一样多多思考，也是很有趣的。
有创意地使用形状，享受编织吧。

No.21

糖果帽

将织片束起来，成为像糖果包装纸一样的状态。
改变绑带的位置，帽子竟然呈现出完全不同的样子！

制作／野口智子
编织方法／见 69 页
使用线／和麻纳卡（中粗）

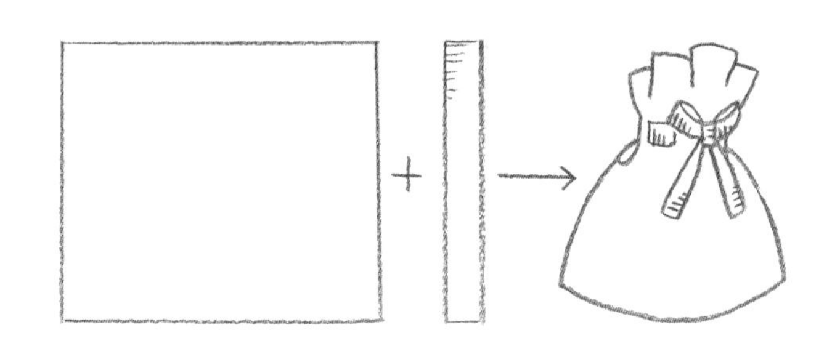

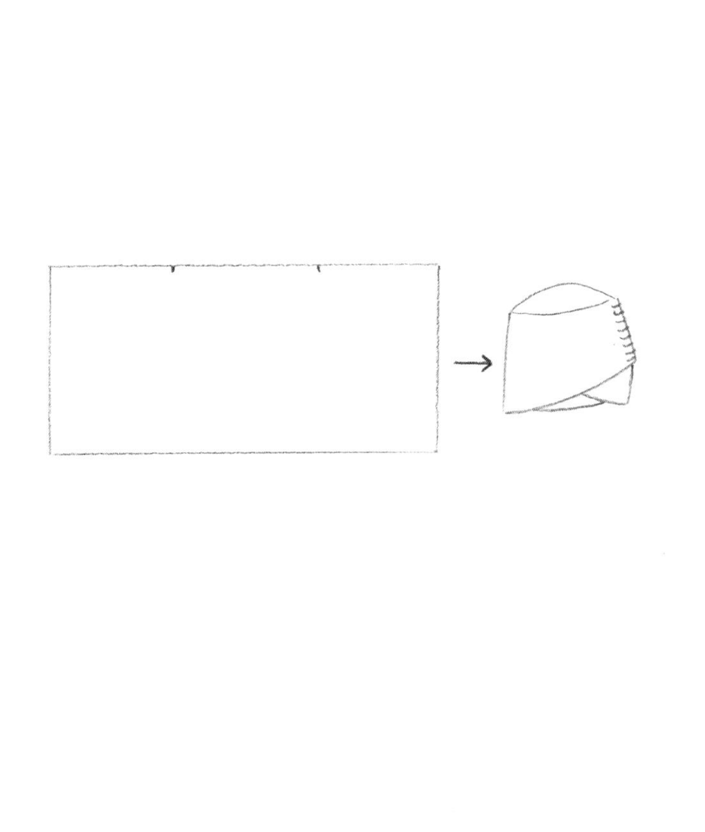

No.22

No.23

No.22、23

头巾帽

这是在缝合方法上加入创意的头巾帽。
佩戴方向不同会呈现出完全不同的效果。
研究一下你喜欢的角度吧。

设计／笹谷史子
编织方法／见70页
使用线／和麻纳卡

No.24

分衩围巾

三条细长的织片中间拼接，两端又各自分开。
这是围法丰富、变换自由的一款围巾。

设计 / yohnKa
编织方法 / 见 72 页
使用线 / 和麻纳卡

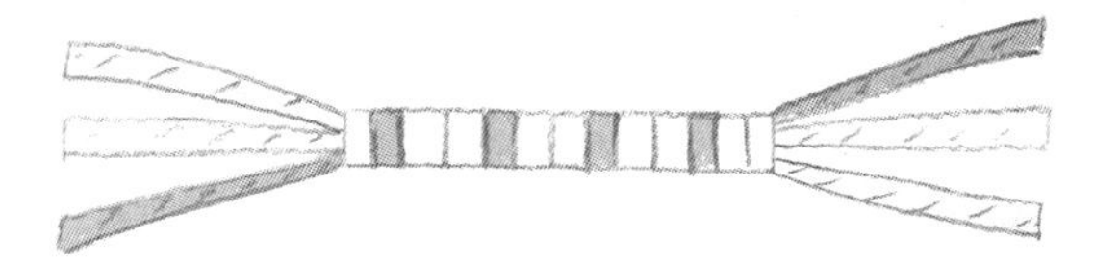

No.25
护耳拼接帽

给普通的帽子加上贴片吧。
四方形的织片作为护耳拼接。
加上抽绳和绒球，更加可爱！

设计／笹谷史子
编织方法／见 71 页
使用线／和麻纳卡（中粗）

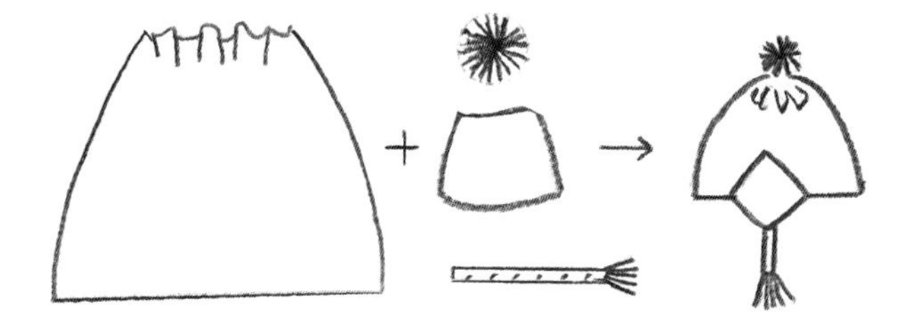

No.26、27

多彩拼接帽

织出大、中、小号的四方形织片各若干，将它们拼接在一起。
成为花、护耳等不同的装饰。

设计 / 笹谷史子
编织方法 / 见 74 页
使用线 / 和麻纳卡

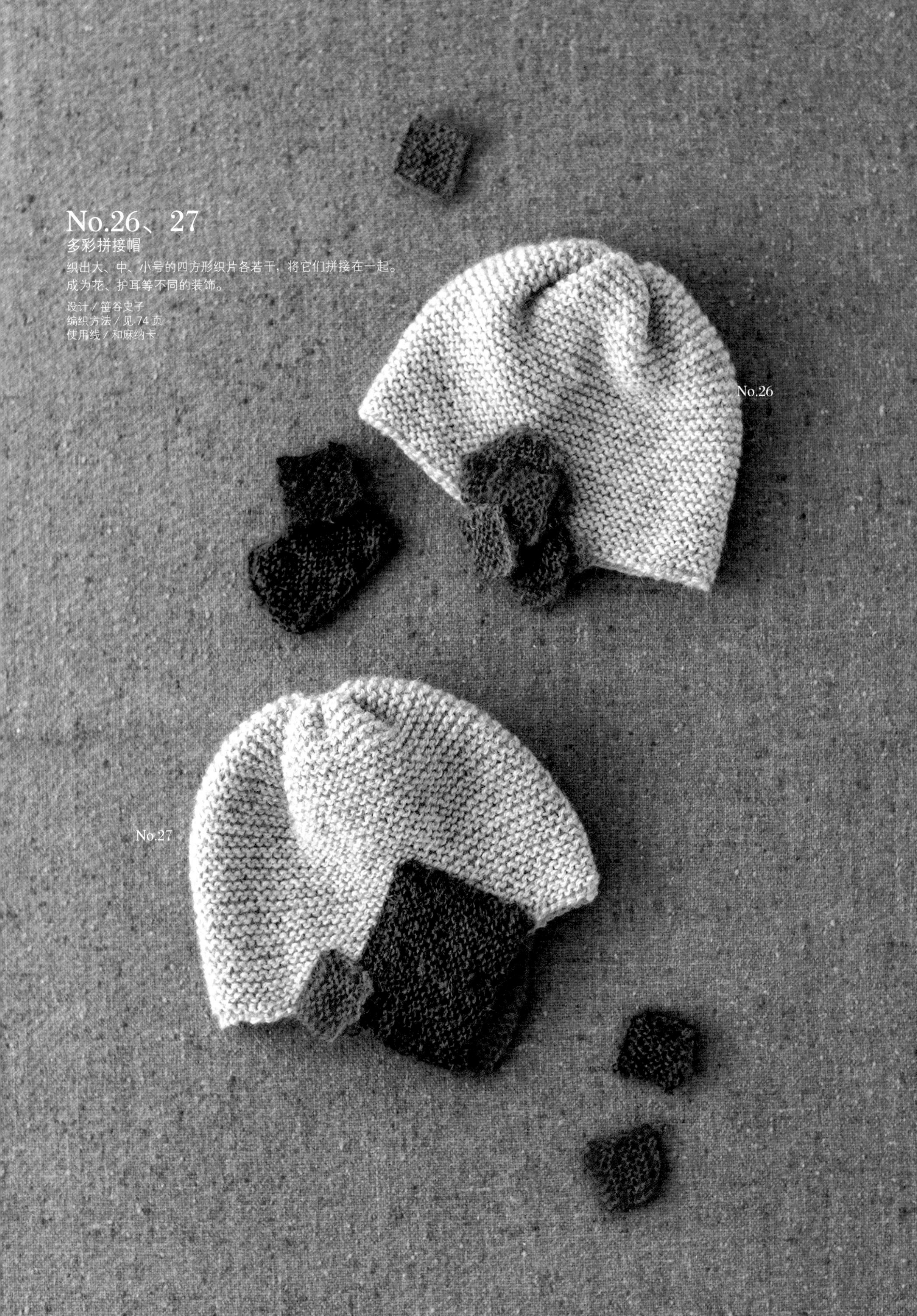

No.28

兜帽围脖

将横条纹的长方形织片缝起，仅留出脸部的开口。
戴上兜帽，更加防寒保暖。

设计 / yohnKa
编织方法 / 见 75 页
使用线 / 和麻纳卡

举一反三

No.29

三股辫围脖

这是由三条织片辫成的麻花辫一样的围脖。
由于织片有伸缩性，穿脱也很方便。
制作时并没有看起来那么复杂，令人欣慰。

设计 / 杉山友
编织方法 / 见 76 页
使用线 / 和麻纳卡

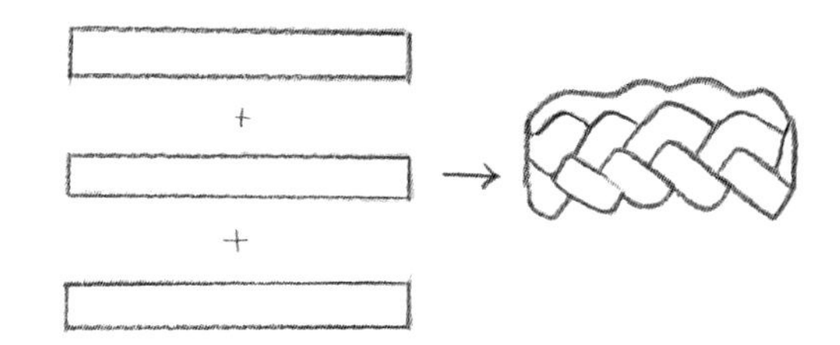

No.30

三股辫围巾

将三块直编织片按照三股麻花辫的方法辫在一起。
蓬松的围巾存在感强，保暖范围一直到胸口。

设计 / 小野裕子（ucono）
编织方法 / 见 77 页
使用线 / 和麻纳卡

No.31
兜帽长围巾

脖子冷，头也冷！
兜帽和围巾一体化的设计，正是为了怕冷的人。
有了它，冬天的寒冷简直是小菜一碟。

设计 / 杉山友
编织方法 / 见 78 页
使用线 / 和麻纳卡

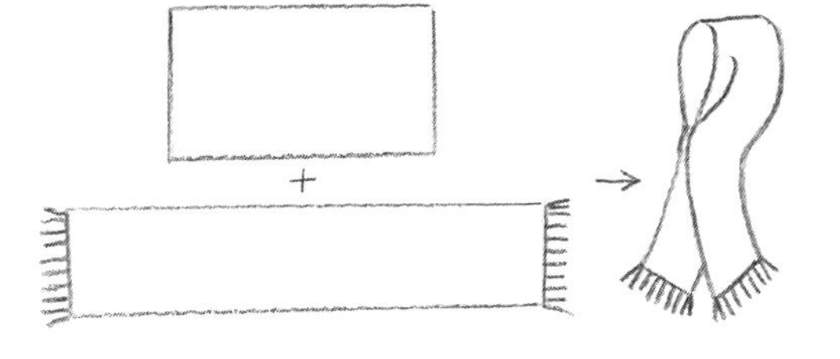

收尾工作的要点

使作品成型

这一部分介绍作品收尾时的要点和小技巧。请根据自己需要参考。
当然也可以自己领悟、发挥。

换线的方法

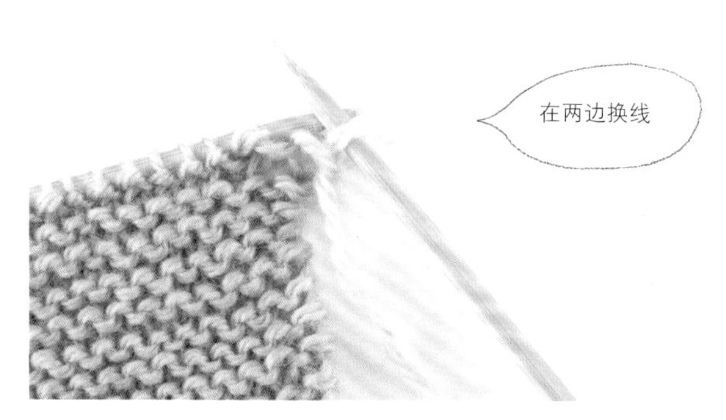

换线要在两侧，之后对其处理。虽然根据设计需要，有时会有例外，不过在每个颜色持续四行的横条纹情况下，每换一次线都剪掉线头，会使成品更好看。

●不剪线头的情况下

把下面的毛线织上去。如果是编织每个颜色持续不到两行的横条纹图案，这样做不会显得很突兀。

处理线头

●编织终点、编织起点

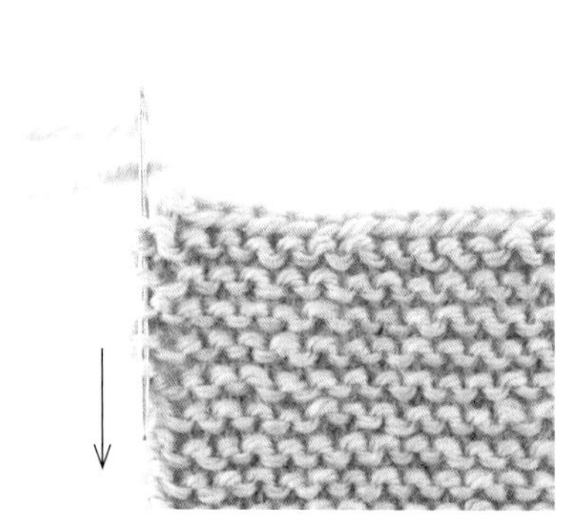

将编织终点的线穿过手缝针，用手缝针穿入边缘的针目两三厘米。剪掉多余的线头进行处理。

●更换颜色的情况下

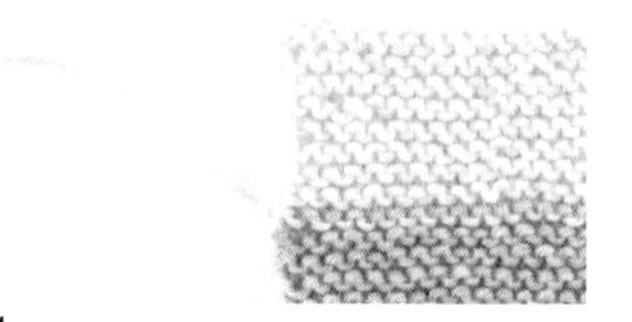

1. 松松地打结之后再处理。

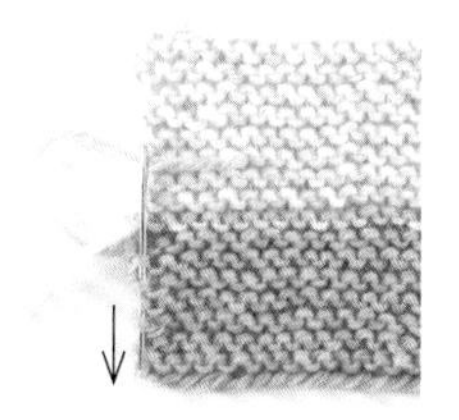

2. 将编织终点的线穿过手缝针，用手缝针穿入同色部分（浅蓝色）边缘的针目两三厘米。

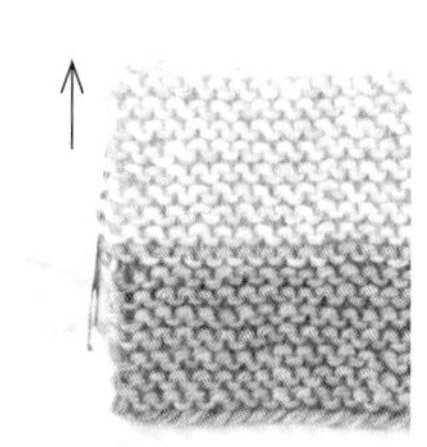

3. 用同样的方式，处理另一色的尾线。

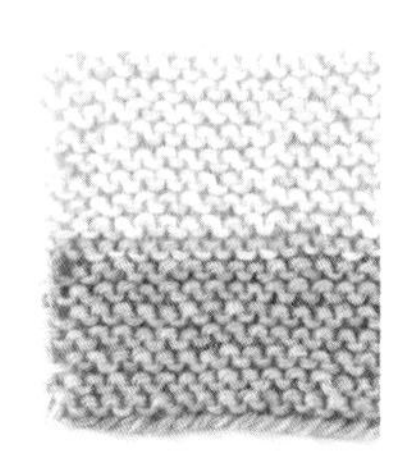

4. 剪掉多余的线头，便处理好了。

减针

本书中有用到最后一行织 2 针并 1 针的作品。
将 2 针减成 1 针的"左上 2 针并 1 针"应用至所有针目，即可将针数减少一半。

符号

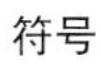

左上2针并1针

符号图的看法

（10针、5针的场合）

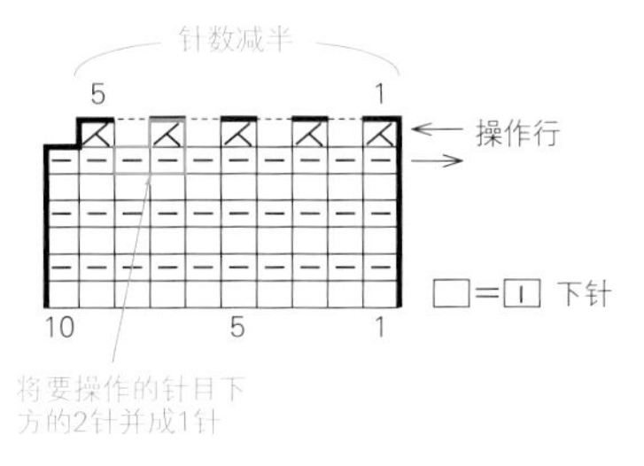

1. 沿箭头方向，用右棒针一下从左边挑入 2 个针目。

2. 右棒针挂线。

3. 拉出，两针一起织下针。

4. 抽出左棒针，即完成左上 2 针并 1 针。

从某一行挑针

有的设计会要求从织片的某行挑针起针。

1. ●处为插入棒针的位置。

2. 插入棒针，拉出新的线。这是挑好的第 1 针。

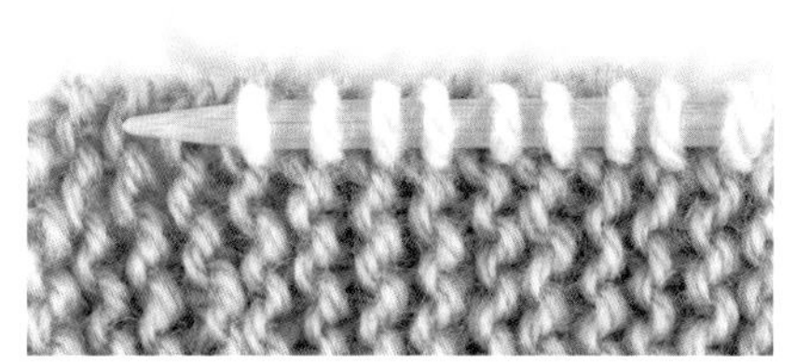

3. 如图一边调整，一边一针一针地拉出毛线，用棒针挑出必要的针数。

停针

不收针，而是通过穿线等方式，保持原有的针目。这就是"停针"，用于稍后再继续编织的场合。

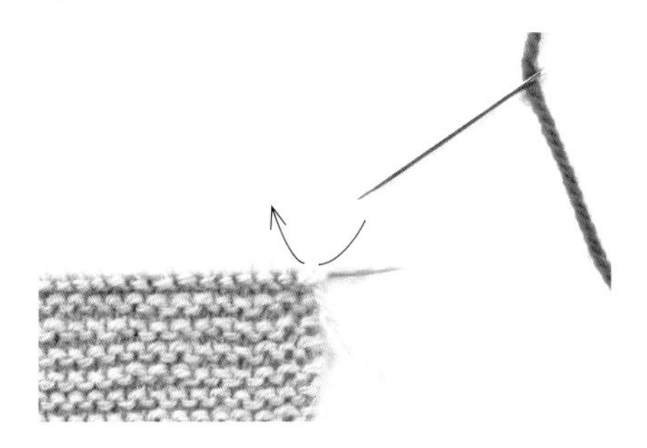

1. 用手缝针穿上相当于织片长度 2 倍的毛线，一个针目一个针目地穿过去。

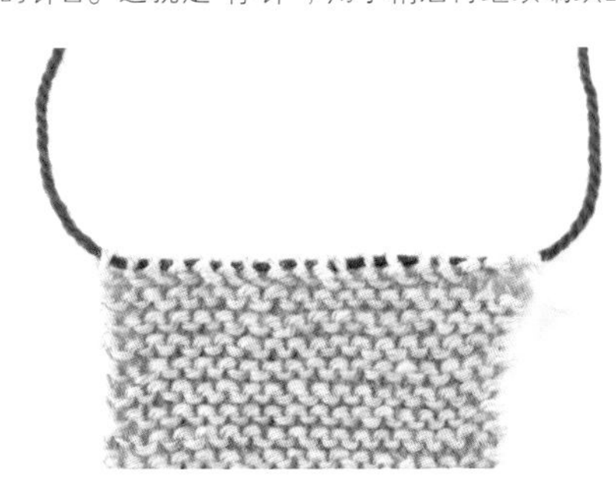

2. 挑好针的样子（停针）。将穿线轻轻地打个结，就能安心地把这块织片放在一边了。

卷针缝

这是连接不同织片的方法之一。也有其他的方法，不过就算全部采用卷针缝也没问题。
基本是从反面操作，所以请注意织片的正反面。

●钉缝（针目与针目对齐）

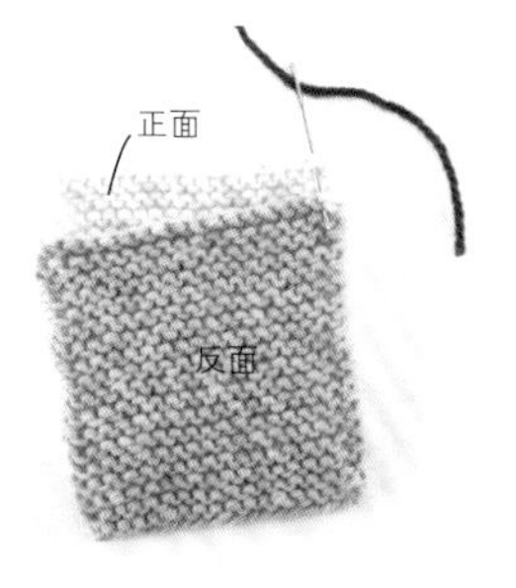

1. 将两块织片正面相对叠在一起。手缝针上穿好线，插入合拢的织片最旁边的针目中。

2. 从对侧向面前的一侧穿入手缝针。

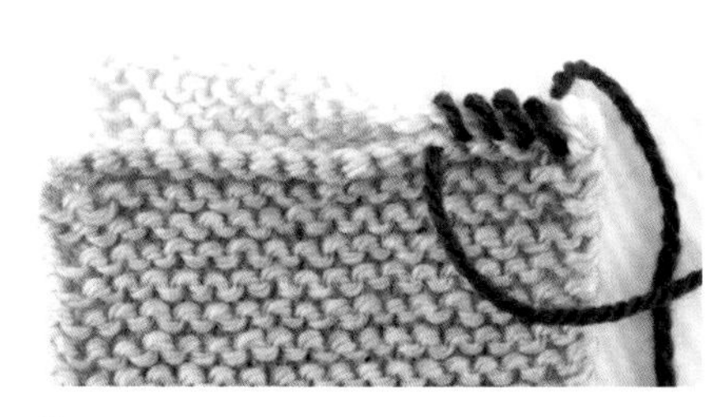

3. 一针一针等间距地向前缝。

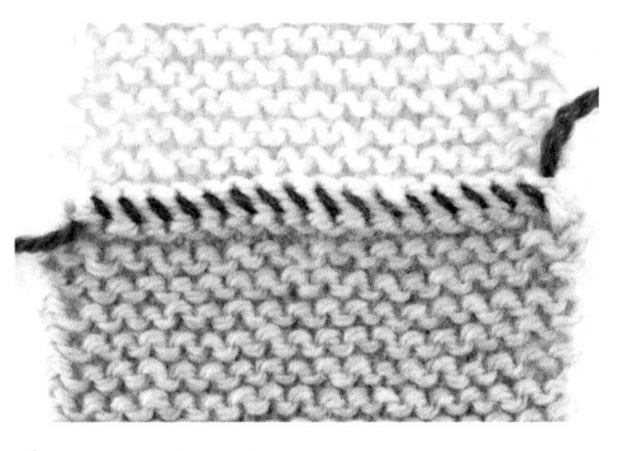

4. 卷针缝时缝线要缝得牢牢的。

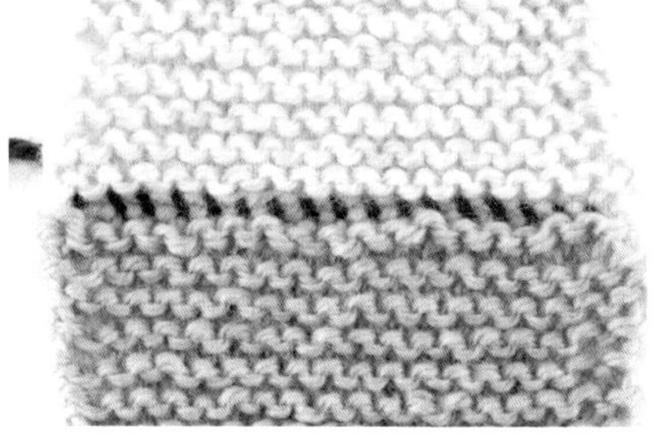

5. 从正面看的样子。

要点

此处为了突出卷缝线，使用了与织片不同的颜色。原本应该使用与编织起点、编织终点处同色的线

●接缝（行与行对齐）

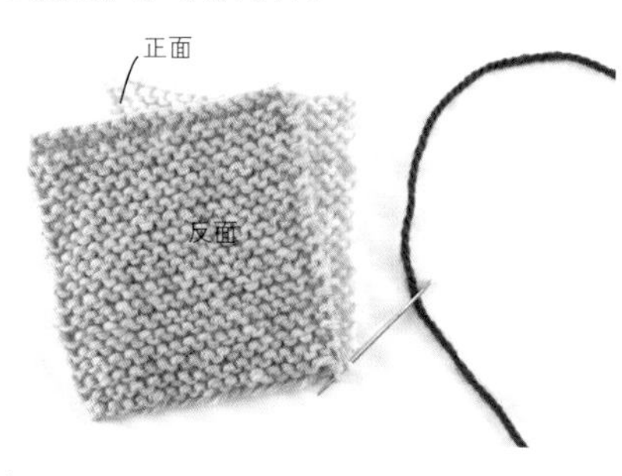

1. 将两块织片正面相对叠在一起。手缝针上穿好线，插入两块织片最旁边的一行。

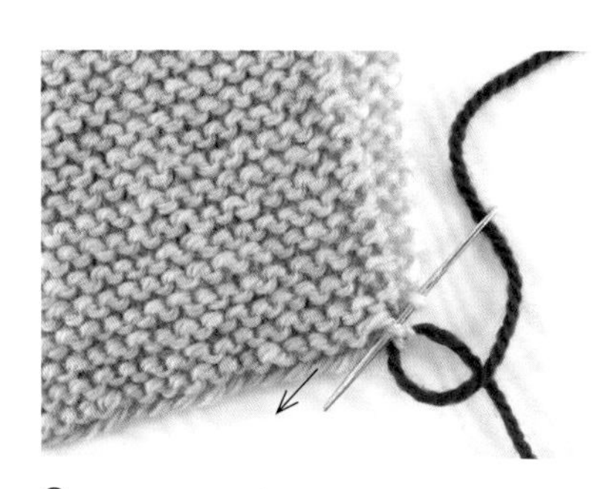

2. 从对侧向面前的一侧穿入手缝针。

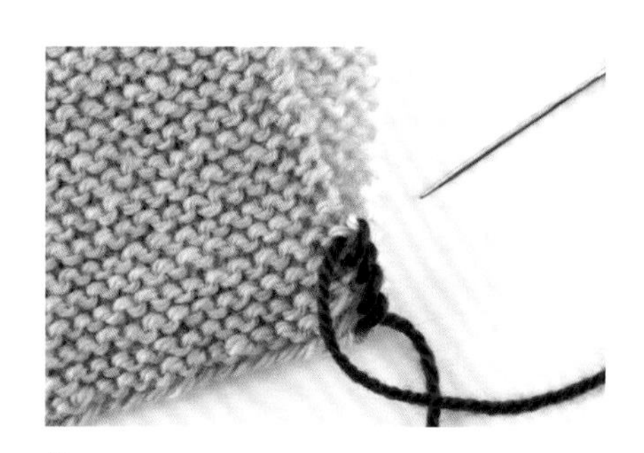

3. 一针一针等间距地向前缝。

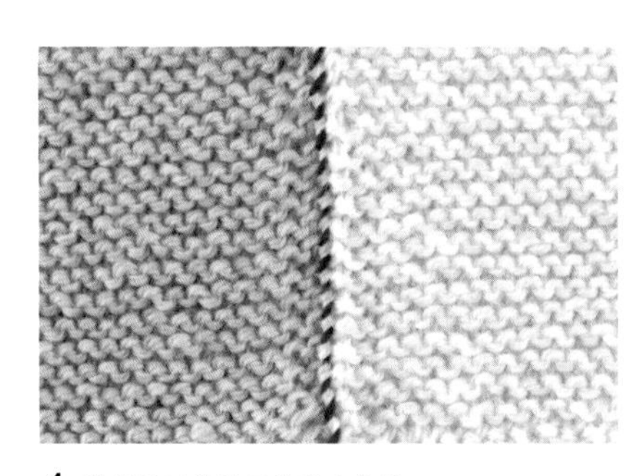

4. 卷针缝时缝线要缝得牢牢的。

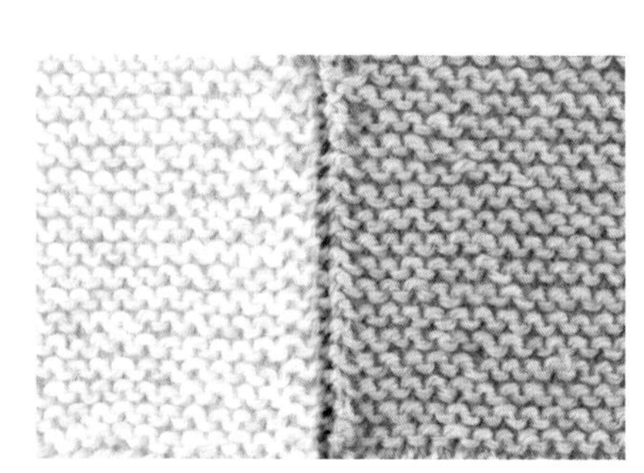

5. 从正面看的样子。

要点

缝合时将2块织片对齐，正面相对

● 针目和行的钉缝（连接针目和行）

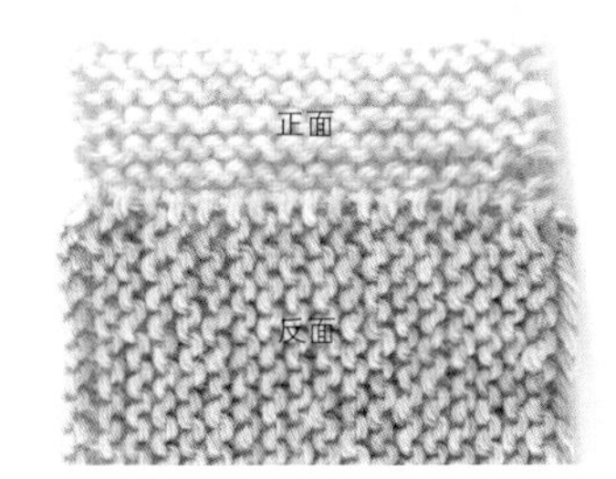

1. 将两块织片正面相对叠在一起。

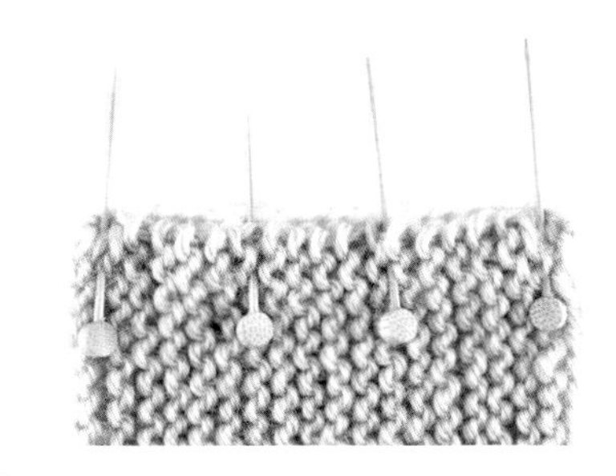

2. 用珠针固定织片。

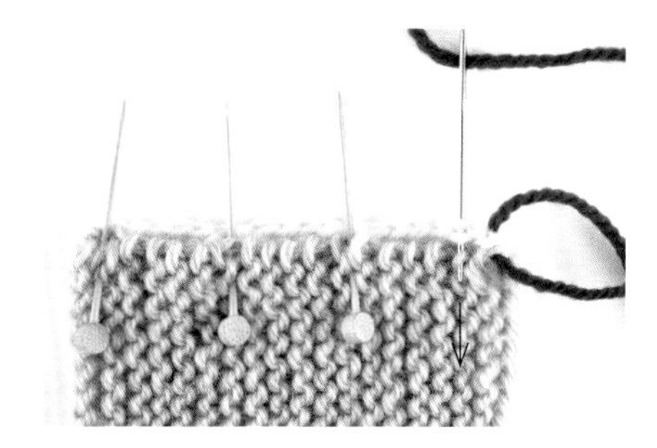

3. 手缝针上穿好线，从最旁边对侧向面前的一侧穿入手缝针。

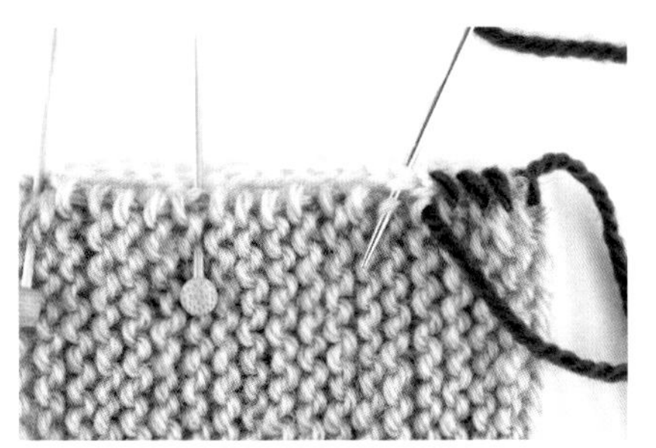

4. 一边拔掉珠针，一边等间距地向前缝合。

5. 缝合时缝线要缝得牢牢的。

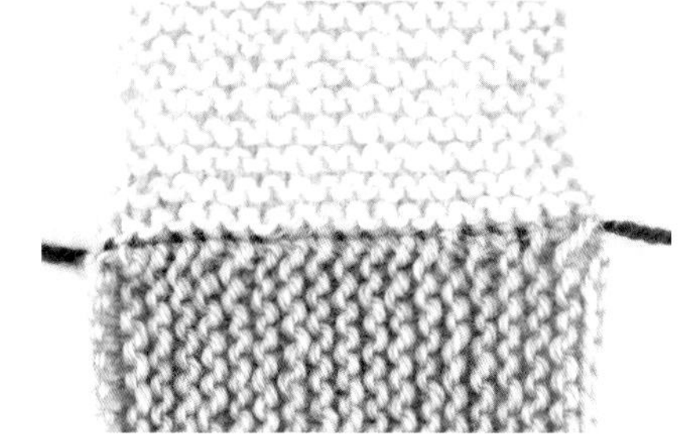

6. 从正面看的样子。

要点

第49页的技法指导介绍有另外的接缝、钉缝方法

关于密度

做法中的“10cm×10cm面积内的织片中能容纳的针数和行数（下针编织）”被称为密度，是用指定的毛线和针测出的横向10cm有多少针、纵向10cm有多少行的数据。按照密度来编织，能够织出需要的尺寸。不过，并非所有人都是按照密度编织的。如果无论如何都织不出需要的尺寸，大可以不用管针数、行数，而是一边计算、测量，一边编织，直到完成需要的宽度、长度为止。

本书中使用的毛线

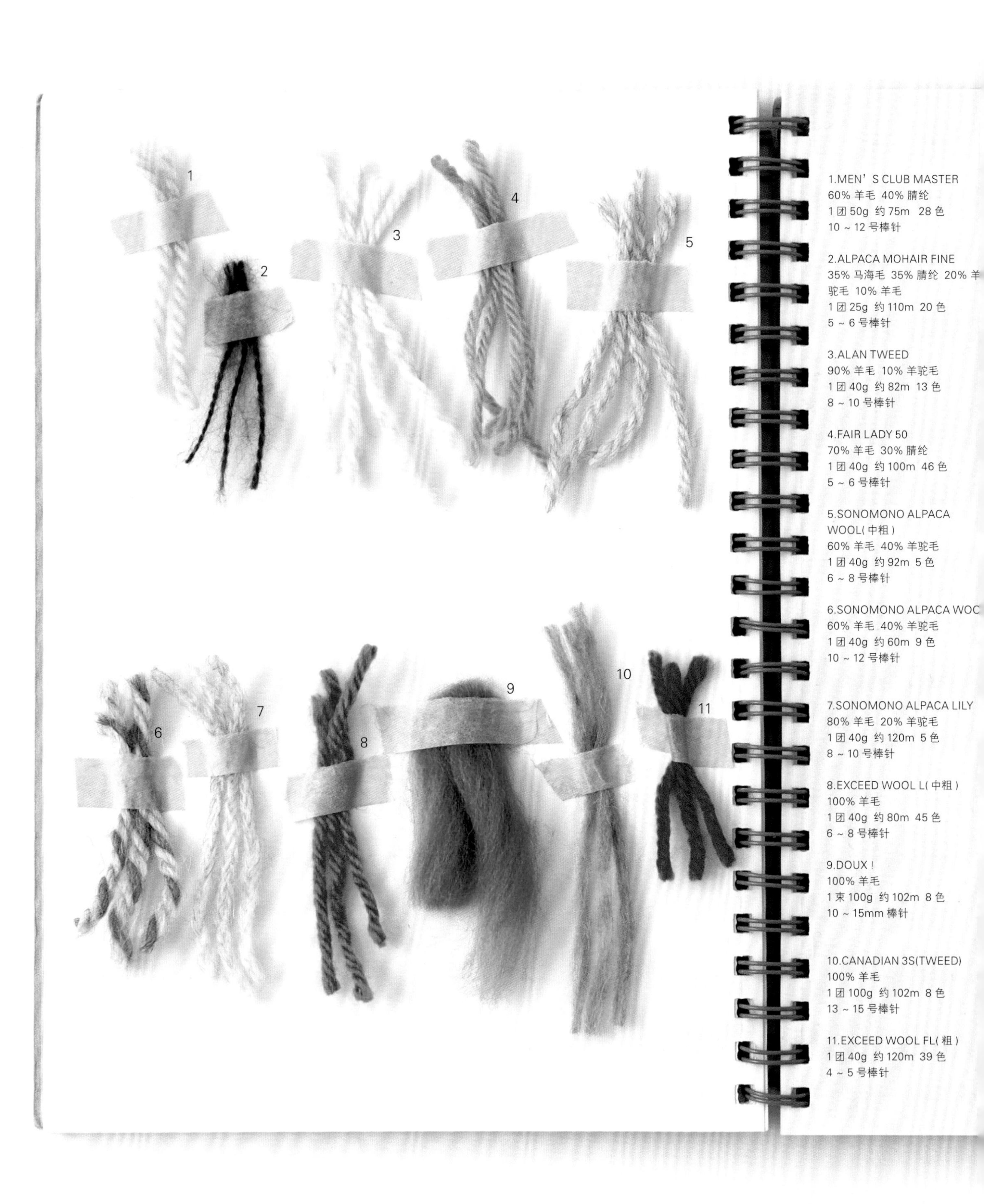

1
2
3
4
5
6
7
8
9
10
11
1.MEN'S CLUB MASTER
60% 羊毛 40% 腈纶
1 团 50g 约 75m 28 色
10 ~ 12 号棒针
2.ALPACA MOHAIR FINE
35% 马海毛 35% 腈纶 20% 羊驼毛 10% 羊毛
1 团 25g 约 110m 20 色
5 ~ 6 号棒针
3.ALAN TWEED
90% 羊毛 10% 羊驼毛
1 团 40g 约 82m 13 色
8 ~ 10 号棒针
4.FAIR LADY 50
70% 羊毛 30% 腈纶
1 团 40g 约 100m 46 色
5 ~ 6 号棒针
5.SONOMONO ALPACA WOOL(中粗)
60% 羊毛 40% 羊驼毛
1 团 40g 约 92m 5 色
6 ~ 8 号棒针
6.SONOMONO ALPACA WOO
60% 羊毛 40% 羊驼毛
1 团 40g 约 60m 9 色
10 ~ 12 号棒针
7.SONOMONO ALPACA LILY
80% 羊毛 20% 羊驼毛
1 团 40g 约 120m 5 色
8 ~ 10 号棒针
8.EXCEED WOOL L(中粗)
100% 羊毛
1 团 40g 约 80m 45 色
6 ~ 8 号棒针
9.DOUX !
100% 羊毛
1 束 100g 约 102m 8 色
10 ~ 15mm 棒针
10.CANADIAN 3S(TWEED)
100% 羊毛
1 团 100g 约 102m 8 色
13 ~ 15 号棒针
11.EXCEED WOOL FL(粗)
1 团 40g 约 120m 39 色
4 ~ 5 号棒针

技法指导

系流苏的方法

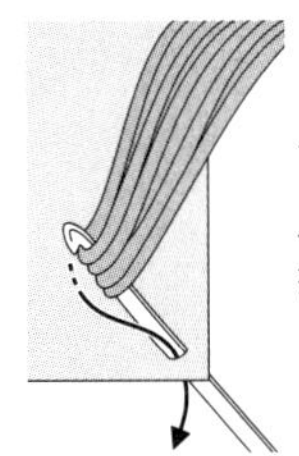

1. 将钩针从织片外侧插入内侧，在钩针上挂上对折的流苏。

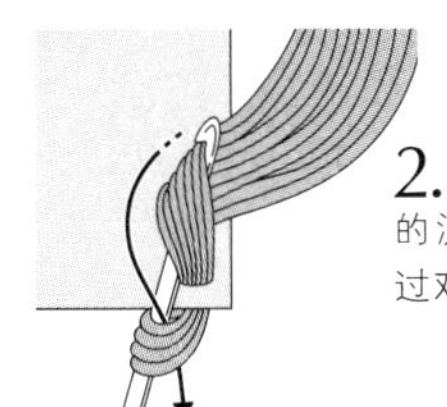

2. 拉出流苏，再将尾端的流苏束挂上钩针，穿过对折的流苏形成的环。

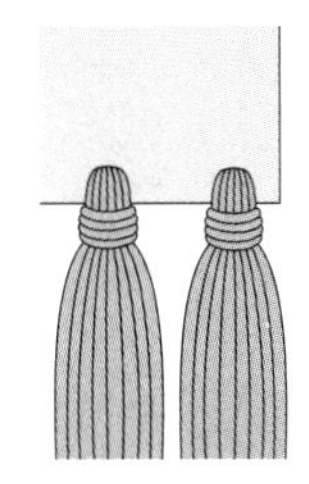

3. 流苏系好了。

绒球的制作方法

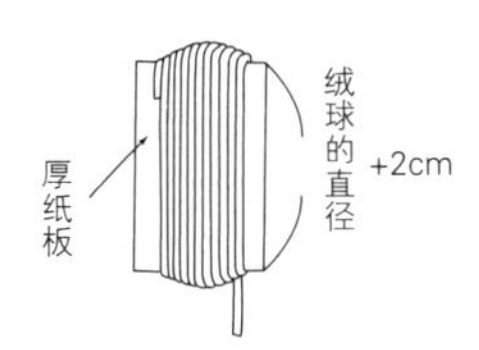

1. 在直径比绒球直径长2cm的厚纸板上，绕上指定圈数的毛线。

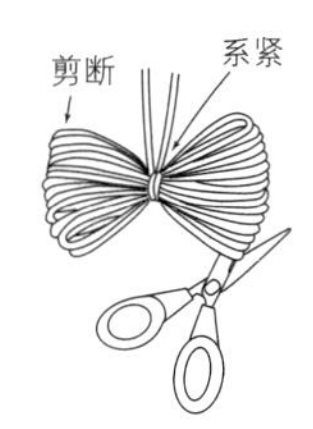

2. 拿掉厚纸板，紧紧系住中心部位，用剪刀从两侧圈的中心位置剪开。

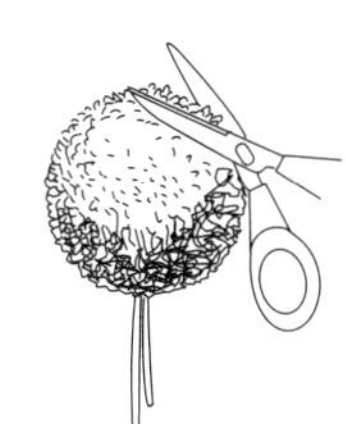

3. 将四周修剪成整齐的圆球形状。

用这种方法也可以

本书中的作品均可使用卷针缝的方式连接。这里介绍两种更漂亮的连接方式。

起伏针钉缝 两片织片的最后一行，一片为下针，另一片为上针的情况

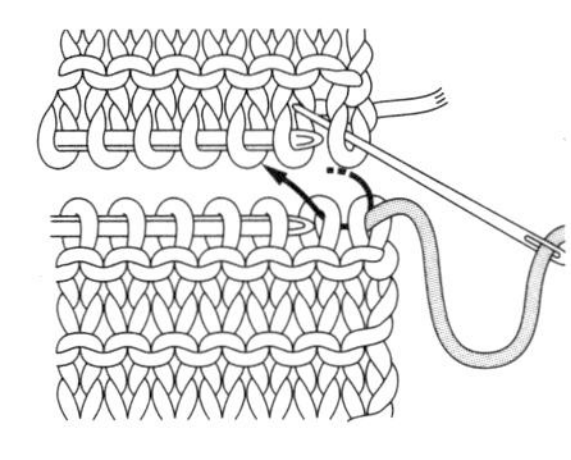

1. 从内侧将线向外侧插入最旁边的针目，再从正面插入另一片织片最旁边的针目，然后按照箭头方向继续入针。

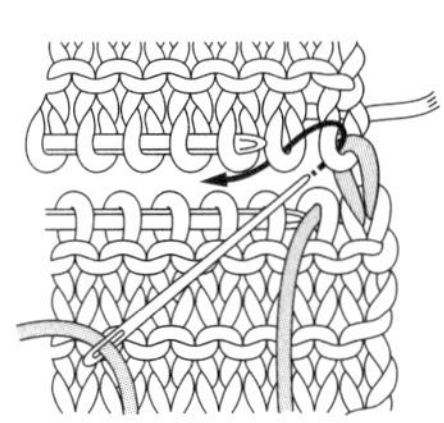

2. 从内侧向外侧插入另一片织片最旁边的针目，再从正面向反面插入相邻针目。

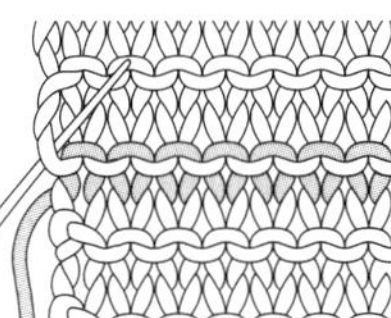

3. 交替重复步骤1、2。

起伏针的挑针接缝

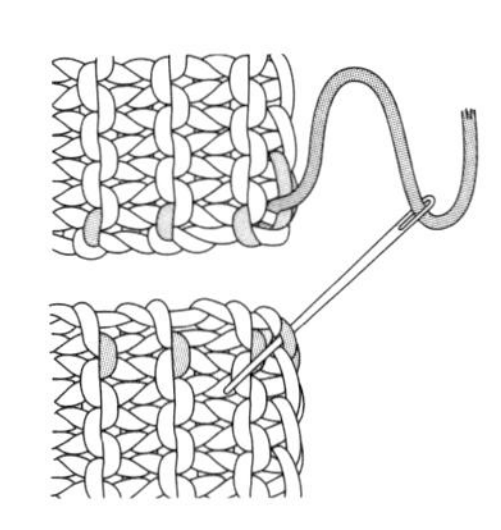

1. 将线挑入面前织片的起针针目。

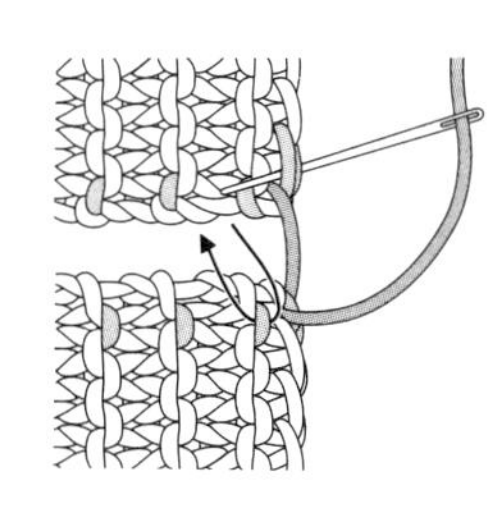

2. 再挑入另一片织片的起针针目。

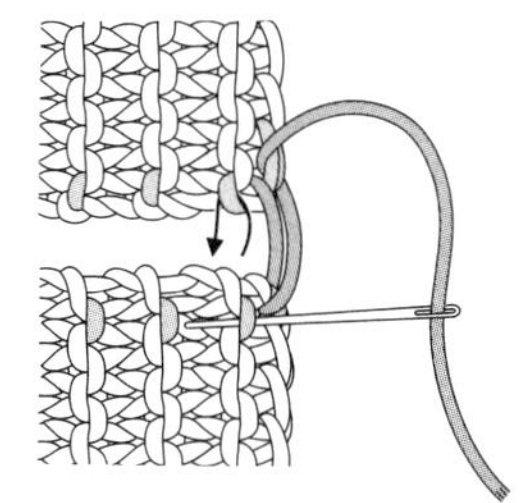

3. 接着挑入面前织片上一针的左下方1针，以及另一织片上一针的左上方半针的针目。

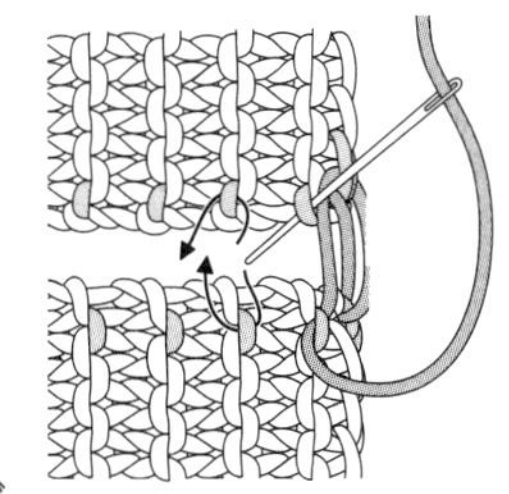

4. 继续交替挑入上一针的左下方1针，以及另一织片上一针的左上方半针的针目。

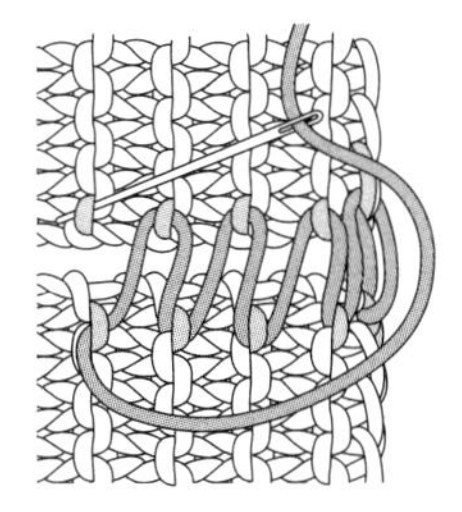

5. 重复“挑针目，穿缝线”。

No.1

混色围巾

…第 8 页

●**材料**　和麻纳卡 MEN' S CLUB MASTER 深棕色（58）、茶色（46）、浅蓝色（54）各 45g/各 1 团，白色、茶色混合（27）25g/1 团

●**工具**　棒针 12 号

●**成品尺寸**　宽 17cm，长 146cm

●**密度**　10cm × 10cm 面积内：起伏针条纹花样 14 针，26 行

●**编织要点**

1. 以手指挂线起针开始，编织起伏针条纹花样 380 行。
2. 编织终点处伏针收针，不要收得太紧。完成时处理线头。

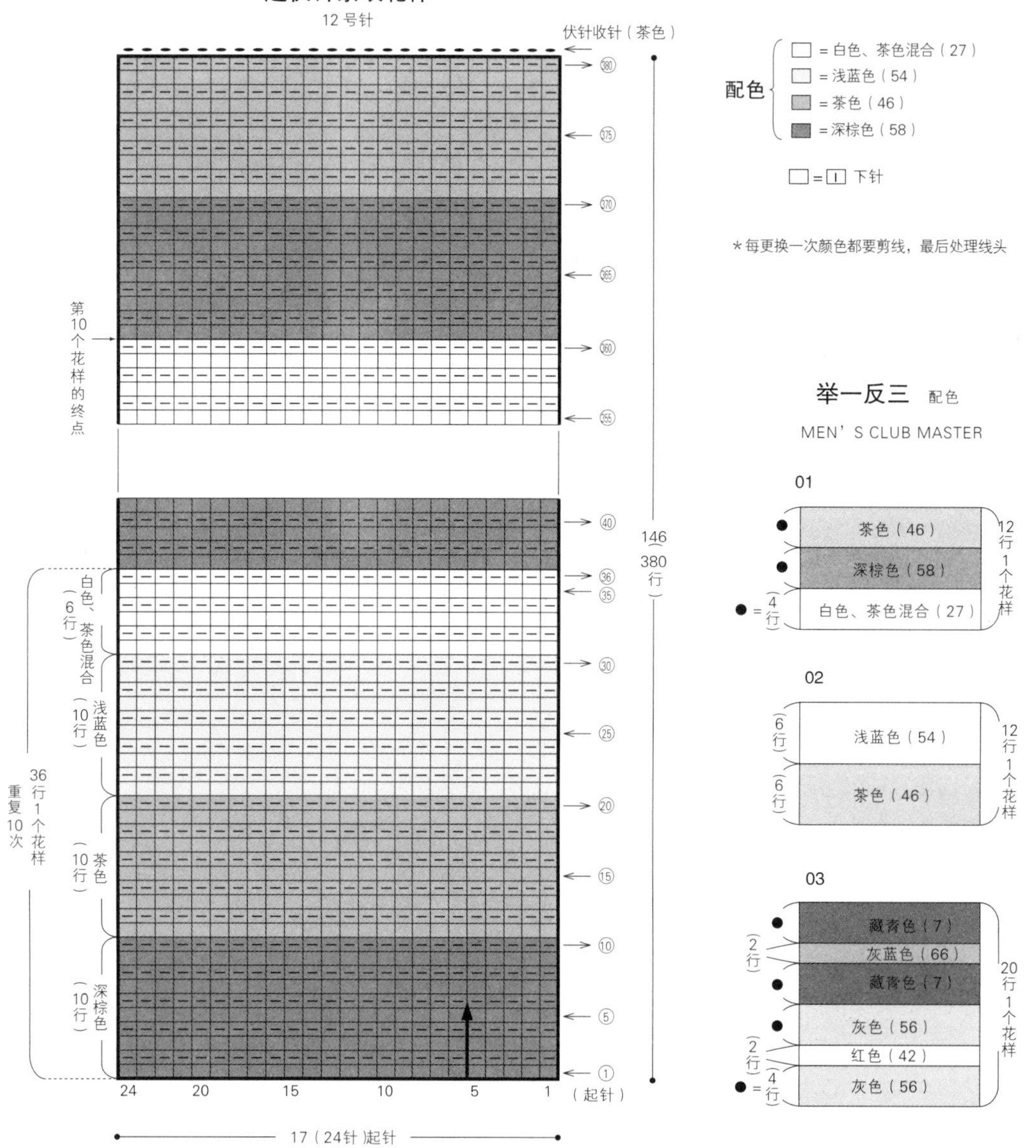

No.2

横条纹围巾…第9页

…第9页

●**材料**　和麻纳卡 MEN'S CLUB MASTER
白色、茶色混合(27)、黑灰色(51)各95g/各2团

●**工具**　棒针12号

●**成品尺寸**　宽19cm，长150cm

●**密度**　10cm×10cm面积内：起伏针条纹花样14针，26行

●**编织要点**

1. 以手指挂线起针开始，编织起伏针条纹花样390行。
2. 编织终点处伏针收针，不要收得太紧。

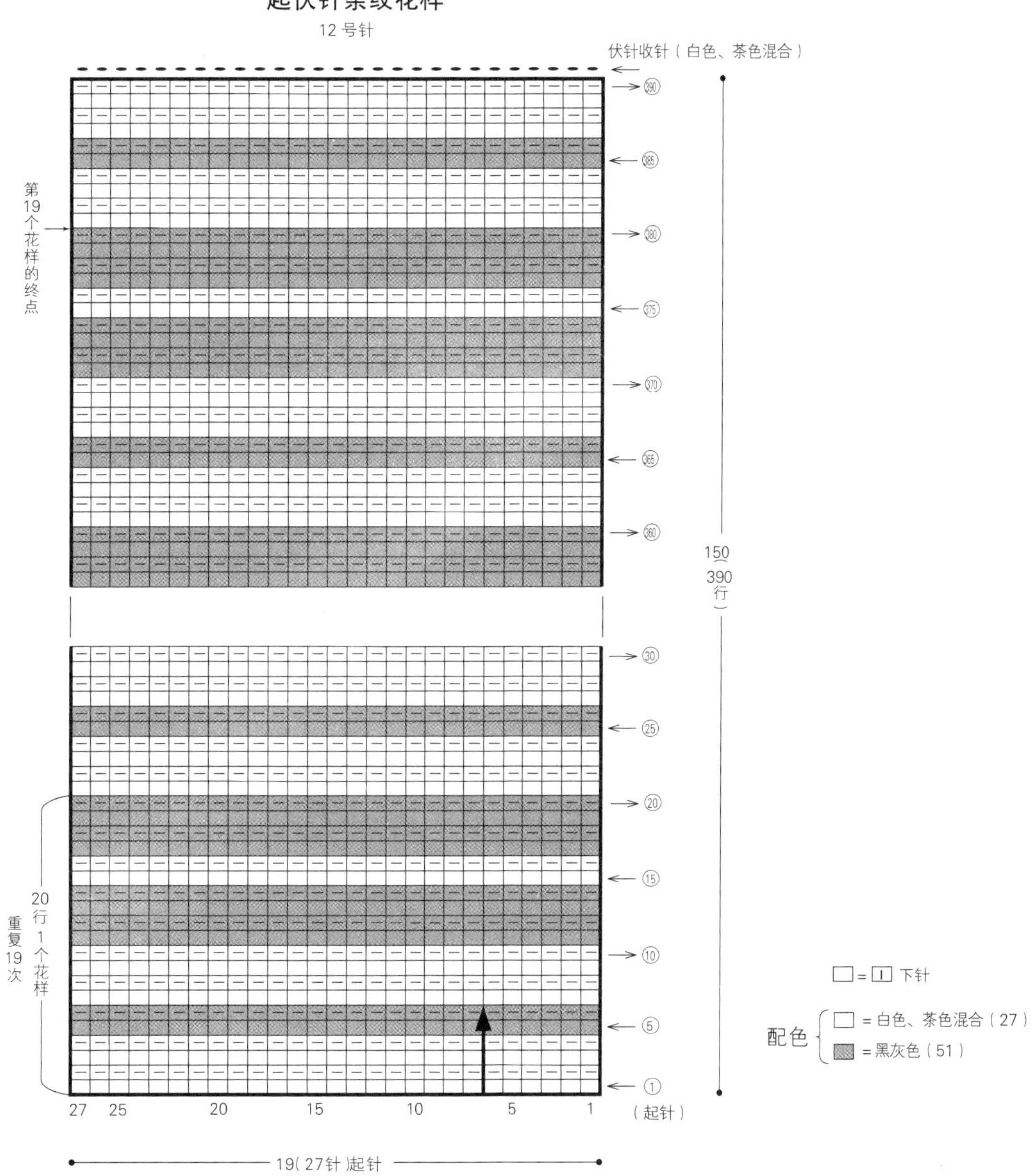

*更换颜色时不要剪线，将下方的线拿到上方织

No.3

竖条纹围巾…第 9 页

●材料 和麻纳卡 MEN' S CLUB MASTER
白色、茶色混合（27）115g/3 团，黑灰色（51）85g/2 团

●工具 棒针 12 号（环形针也可）

●成品尺寸 宽 19cm，长 150cm

●密度 10cm×10cm 面积内：起伏针条纹花样 14 针 26 行

●编织要点

1. 以手指挂线起针开始，编织起伏针条纹花样 50 行。
2. 编织终点处伏针收针，不要收得太紧。完成时处理线头。

起伏针条纹花样

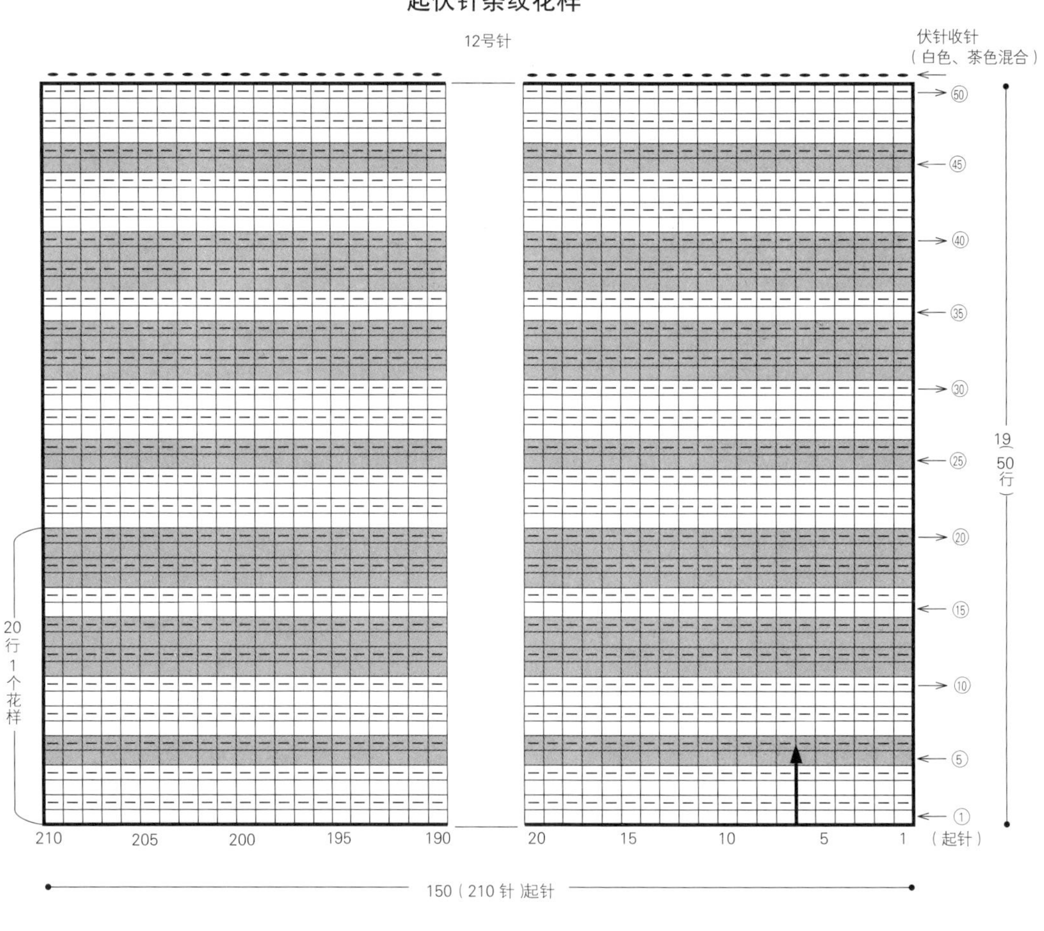

＊由于针数很多，觉得困难的话可以用环形针往返编织
＊每更换一次颜色都要剪线，最后处理线头

□＝⏐ 下针

配色
□＝白色、茶色混合（27）
■＝黑灰色（51）

No.4

横竖条纹拼接帽…第 10 页

●**材料**　和麻纳卡 FAIR LADY 50
米色（46）35g/1 团，浅绿色（86）30g/1 团

●**工具**　棒针 5 号

●**成品尺寸**　头围 46cm，深 23cm

●**密度**　10cm×10cm 面积内：起伏针条纹花样 A、B 均为 18 针，36.5 行

●**编织要点**

1. 以手指挂线起针开始，编织起伏针条纹花样 A、B 各 84 行。
2. 编织终点处编织起伏针条纹花样 A 伏针收针，起伏针条纹花样 B 使用同色线暂时停针。
3. 将起伏针条纹花样 A 的针目和起伏针条纹花样 B 的行对齐，以卷针缝缝在一起，形成一个圆形。
4. 用编织起伏针条纹花样 B 停针时使用的同色线缝入起伏针编织条纹花样 A 边缘的针目，拉紧。

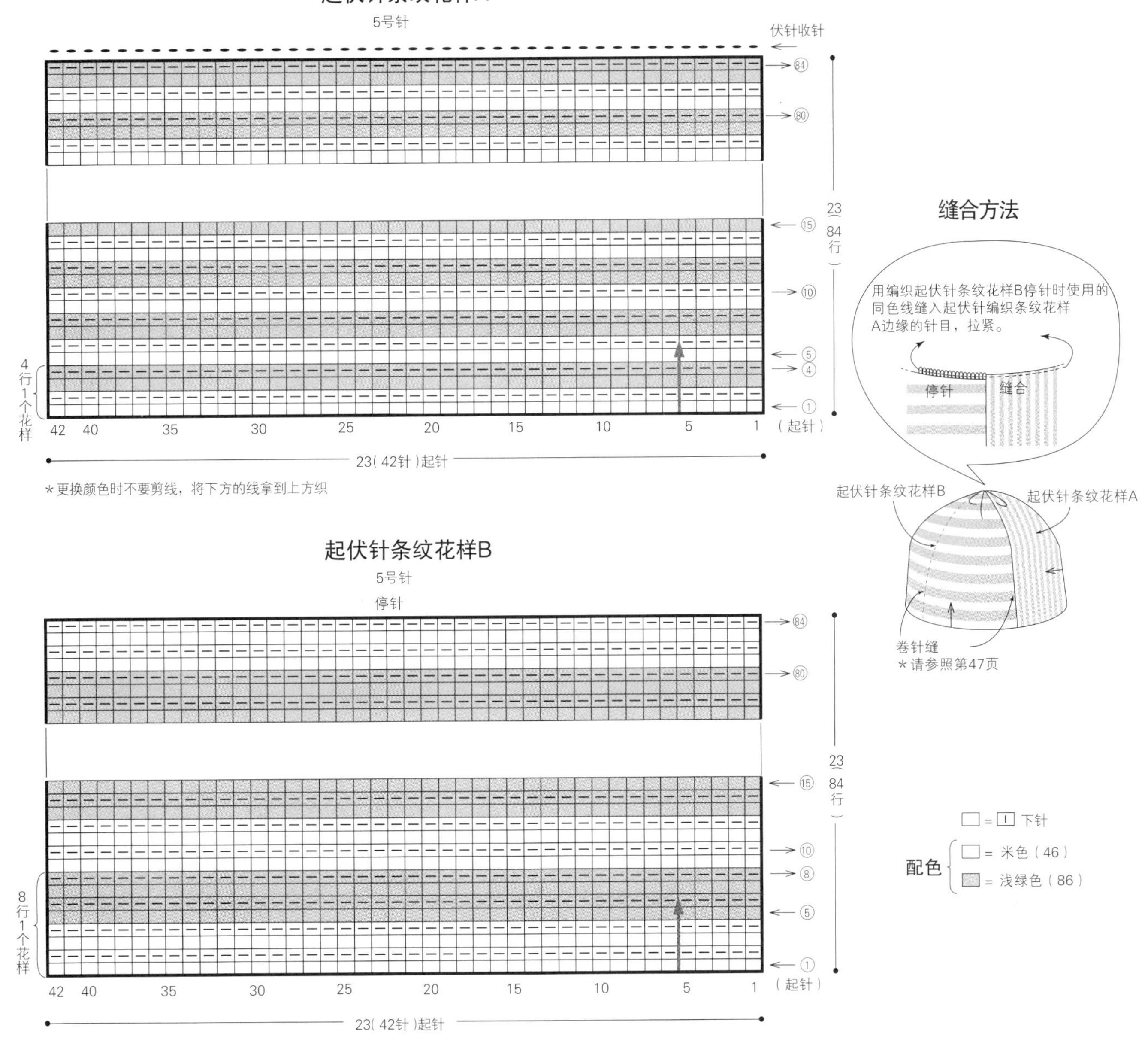

No.5

抽绳帽…第 11 页

●**材料**　和麻纳卡 FAIR LADY 50
灰紫色（100）65g/2 团，浅灰紫色（87）50g/2 团
●**工具**　棒针 6 号、4 号（双头棒针）
●**成品尺寸**　头围 55cm，深 26cm
●**密度**　10cm×10cm 面积内：起伏针条纹花样 18 针，38 行

●**编织要点**

1. 以手指挂线起针开始编织帽身，编织 216 行起伏针条纹花样。编织终点处伏针收针。
2. 帽口部分从主体挑针，编织 8 行起伏针，编织终点处伏针收针。
3. 将帽子后中心卷针缝，围成一个圆圈。织好抽绳后，将抽绳穿过穿绳孔，完成。

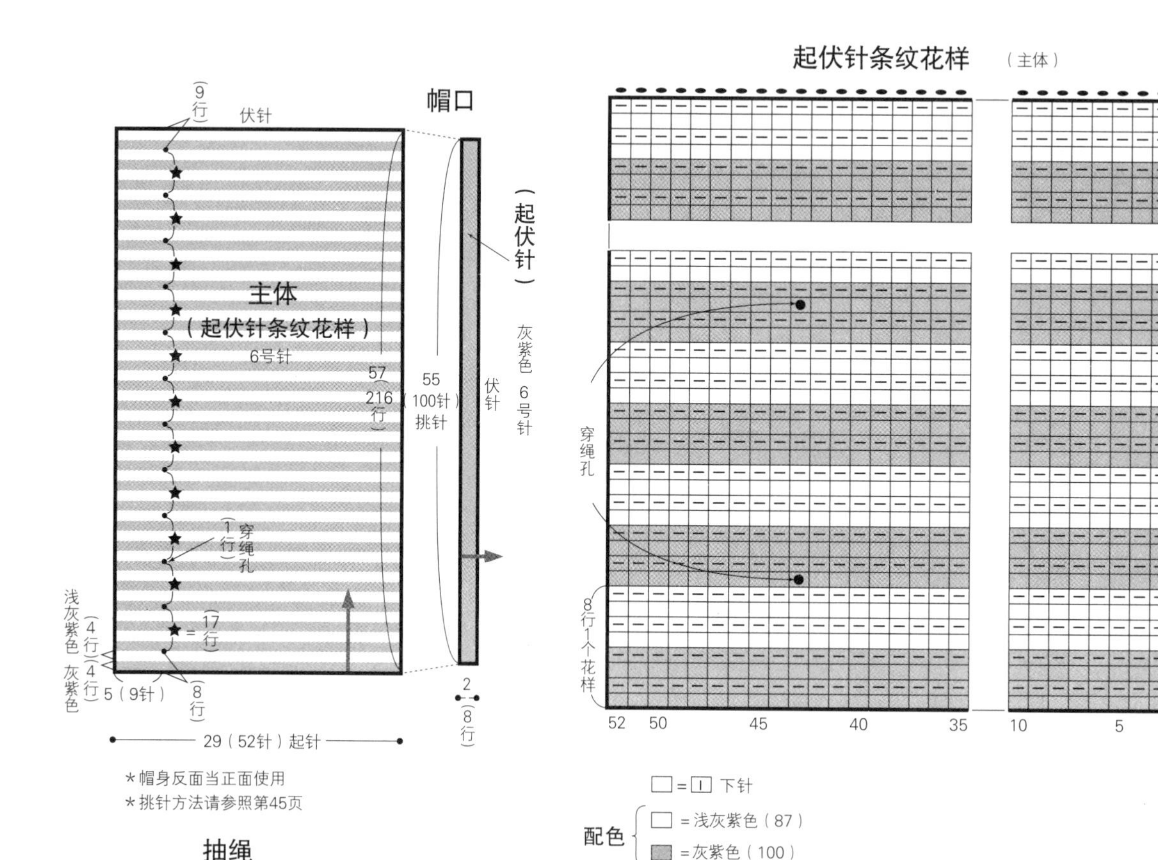

＊帽身反面当正面使用
＊挑针方法请参照第45页

□=▯ 下针

配色 □=浅灰紫色（87）
■=灰紫色（100）

抽绳

灰紫色　4号针
使用双头棒针

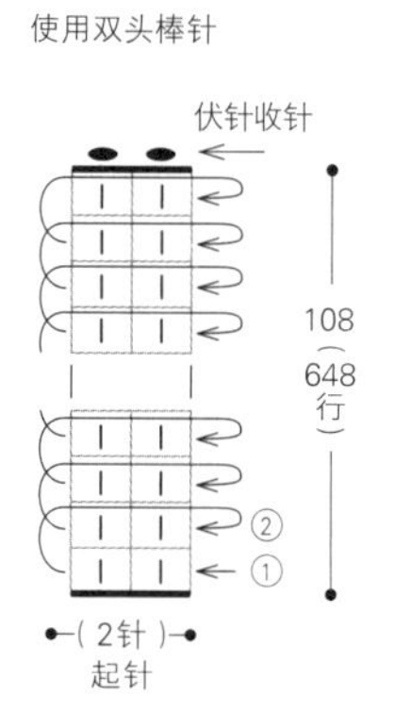

＊织好第1行后，将线从反面绕回编织起点的位置，沿着同样方向编织第2行。重复此步骤

缝合方法

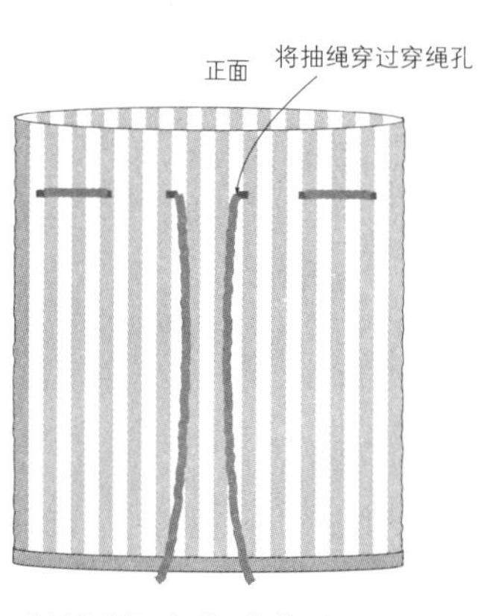

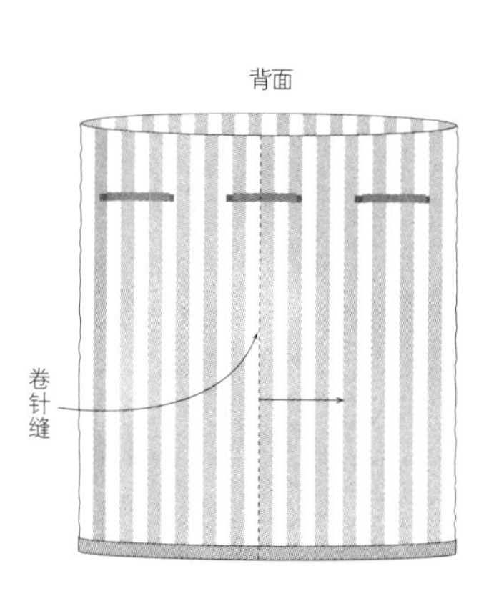

＊将抽绳拉紧、打结，就成了帽子的形状

No.6、7
螺旋拼接帽…第 13 页

…第 13 页

●**材料** [No.6] 和麻纳卡 EXCEED WOOL L（中粗）深绿色（320）、蓝色（324）、卡其色（321）、黄绿色（337）各 20g/ 各 1 团
[No.7] 和麻纳卡 EXCEED WOOL L（中粗）深棕色（305）、浅茶色（304）、土黄色（332）、米色（302）各 20g/ 各 1 团

●**工具** 棒针 10 号

●**成品尺寸** 头围 42cm，深 24cm（实际尺寸）

●密度 10cm×10cm 面积内：起伏针条纹花样 18 针，26.5 行

●**编织要点**

1. 以手指挂线起针开始编织，参照图示编织 400 行起伏针条纹花样。
2. 编织终点处伏针收针，要收得稍紧一些。参照缝合方法，完成制作。

No.6、7
起伏针条纹花样

10号针

起伏针条纹花样配色

	No.6	No.7
A	深绿色（320）	深棕色（305）
B	蓝色（324）	浅茶色（304）
C	卡其色（321）	土黄色（332）
D	黄绿色（337）	米色（302）

起伏针

2 →
1 ←
→
← 起针

□=⊡ 下针

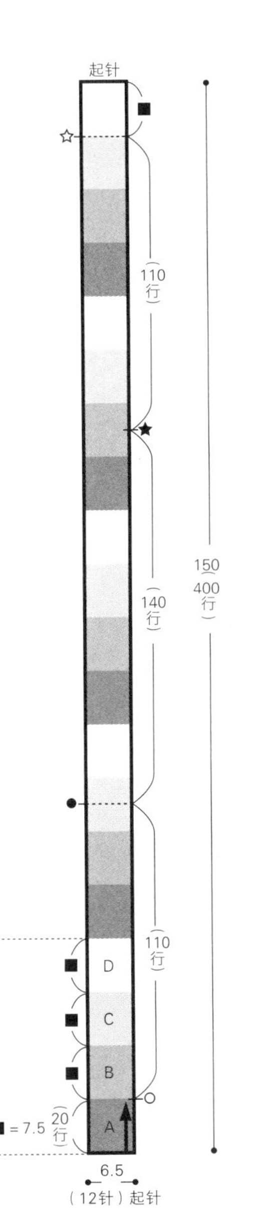

*○、●、★、☆处做标记

缝合方法

①将织片正面朝外叠起，用珠针将○与●、★与☆钉在一起，然后将○螺旋状卷到☆的位置。

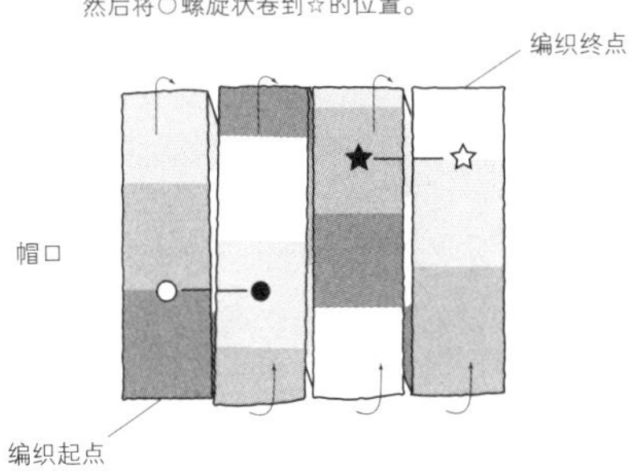

②将编织起点和编织终点的色块如图所示向内侧斜着以藏针缝缝起1/2。

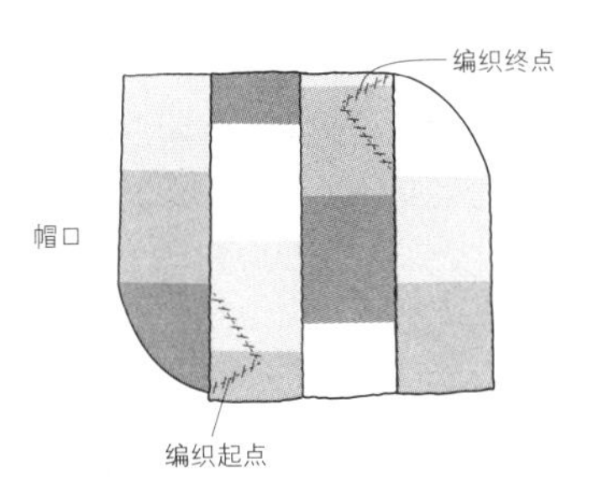

③将织物翻里作面，从编织终点每隔2～4行缝起，收好帽尖，就完成了。

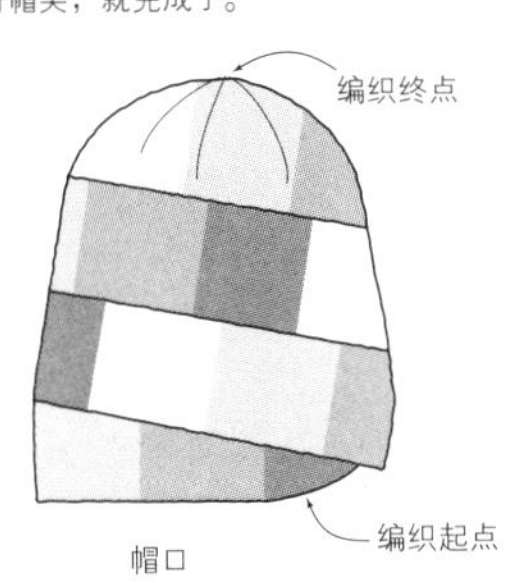

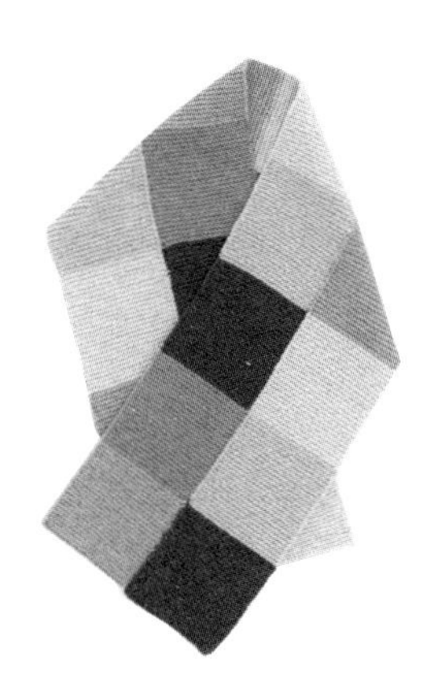

No.8、9

双色拼接围巾…第15页

●**材料** [No.8]和麻纳卡 EXCEED WOOL L（中粗）深粉色（343）、藏青色（325）、蓝色（324）、浅灰色（327）、粉色（340）各55g/各2团
[No.9]和麻纳卡 EXCEED WOOL L（中粗）薰衣草色（312）、宝石绿（346）、黑灰色（328）、米色（302）、浅紫色（311）各55g/各2团

●**工具** 棒针6号

●**成品尺寸** 宽24cm，长120cm

●**成品尺寸** 宽24cm，长120cm

●**密度** 10cm×10cm面积内：起伏针条纹花样23针，43.5行

●**编织要点**

1. 以手指挂线起针开始，编织起伏针条纹花样，每52行更换一次颜色。
2. 按照A→B→C→D→E、C→D→E→A→B的顺序分别编织2片织片，编织终点处伏针收针。
3. 对准色块之间的分界线，将两片织片卷针缝缝合，就完成了。

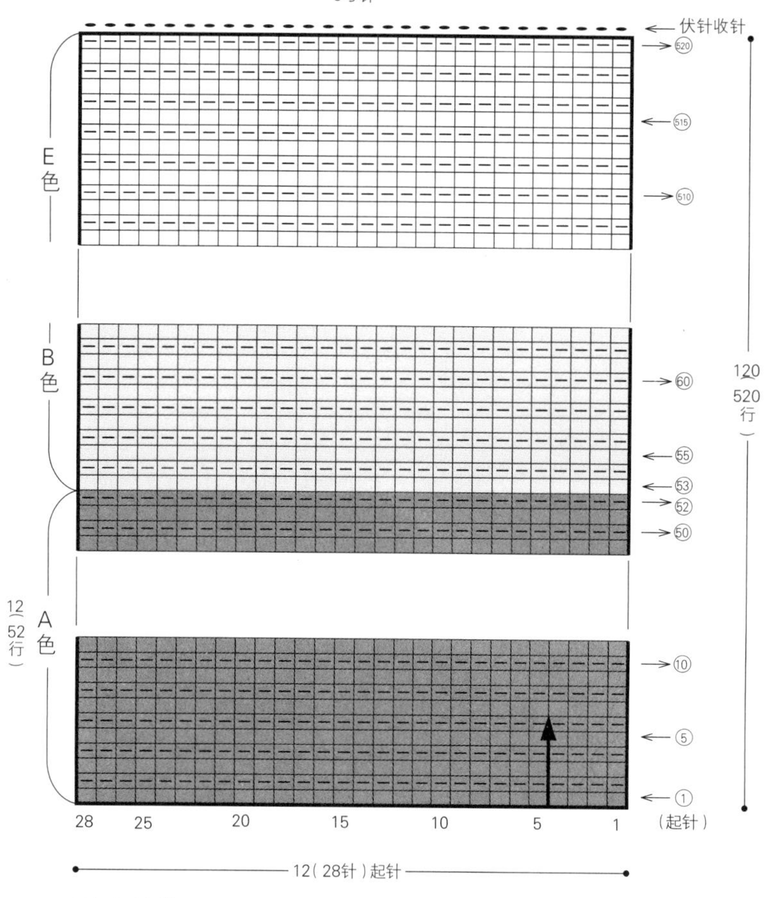

□=□ 下针

*改变配色顺序，编织2片织片

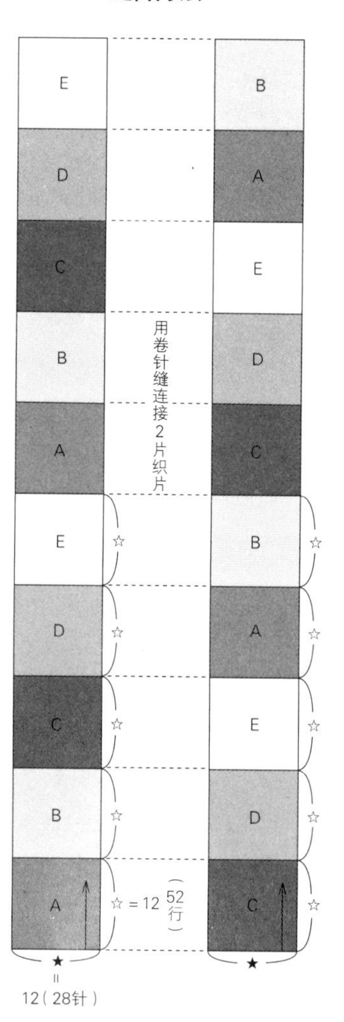

*卷针缝请参照第46页

起伏针条纹花样配色表

	No.8	No.9
A	深粉色（343）	薰衣草色（312）
B	藏青色（325）	宝石绿（346）
C	蓝色（324）	黑灰色（328）
D	浅灰色（327）	米色（302）
E	粉色（340）	浅紫色（311）

No.10

三色发带…第 16 页

●材料
和麻纳卡 EXCEED WOOL FL(粗) 酒红色(214)、紫色 (215) 各 10g/ 各 1 团 ; ALPACA MOHAIR FINE 茶色 (18) 10g/1 团

●工具 棒针 5 号

●成品尺寸 头围 52cm，宽 6cm

●密度 10cm×10cm 面积内 : 起伏针 20 针，40 行

●编织要点

1. 以手指挂线起针开始编织，以起伏针编织各色织片至指定长度。
2. 编织 8 行，编织终点处伏针收针。
3. 对准相同标记卷针缝，将织片围成一个圈。
4. 参照缝合方法，将各色织片从内侧卷针缝，缝合起来。

（起伏针）
5 号针

52 (104针) 伏针
18 (36针)
2 8行
接缝至此
70 (140针) 起针

52 (104针) 起针
13 (26针)
2 8行
接缝至此
65 (130针) 起针

52 (104针) 伏针
10 (20针)
2 8行
接缝至此
62 (124针) 起针

配色
= EXCEED WOOL FL (粗) 酒红色 (214)
= ALPACA MOHAIR FINE 茶色 (18)
= EXCEED WOOL FL (粗) 紫色 (215)

缝合方法

①对准相同标记，将各条织片围成圈。

②将围成圈的各条织片缝合起来，就完成了。

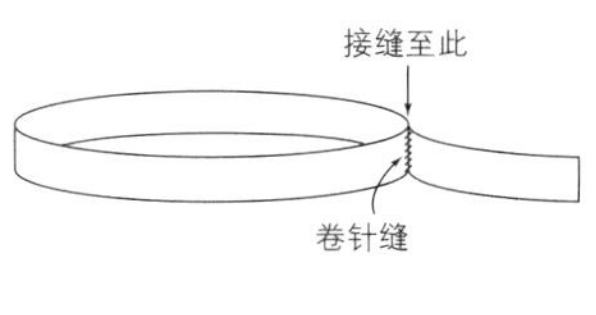

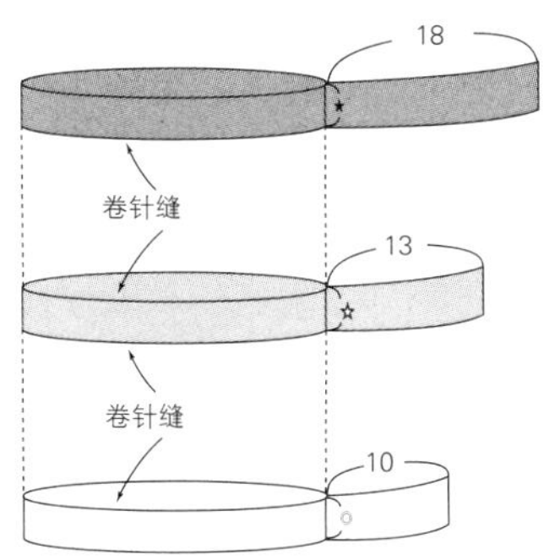

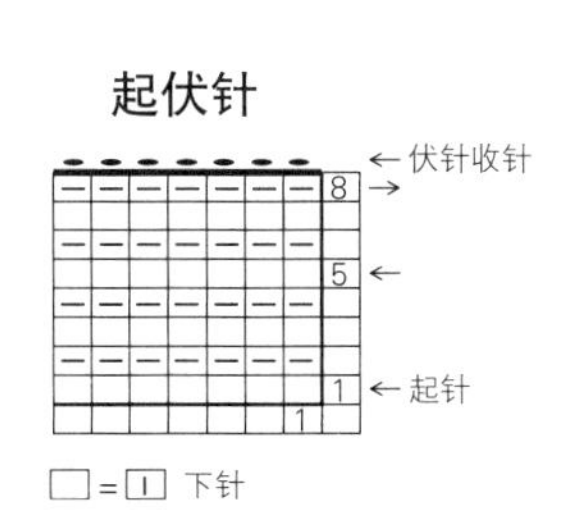

No.11

六条织带拼接帽…第 17 页

●**材料**　和麻纳卡 SONOMONO ALPACA WOOL
茶色（43），茶色、米色混合（47），浅褐色（42）各 35g/ 各 1 团

●**工具**　棒针 10 号

●**成品尺寸**　头围 56cm，深 18cm

●**密度**　10cm×10cm 面积内：起伏针 16 针，26.5 行

●**编织要点**

1. 以手指挂线起针开始，编织 8 行起伏针。编织终点处伏针收针。
2. 改变颜色，一共编织 6 条织片。
3. 将织片上的★标记对准，以卷针缝形成一个圈。
4. 将各条织片从内侧卷针缝缝合。将帽顶的四个点固定，就完成了。

（起伏针）　6 条

10 号针

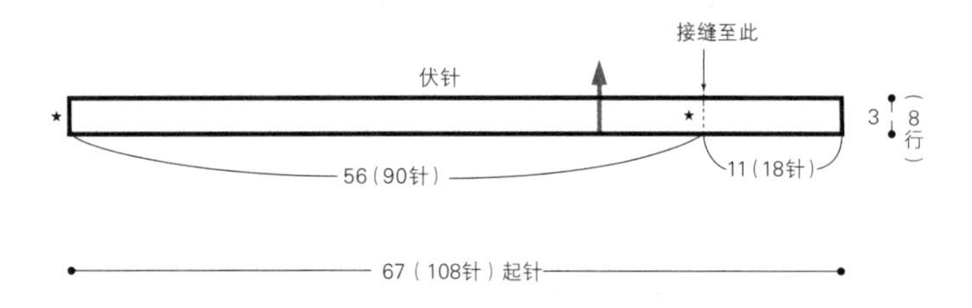

起伏针

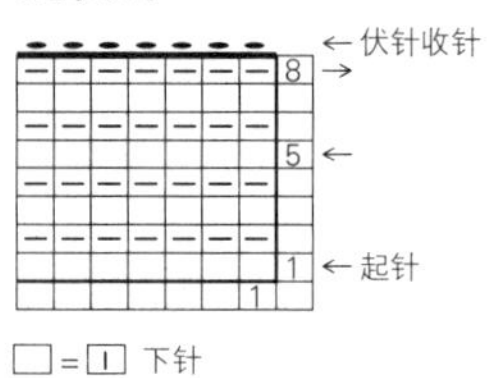

配色及每色的股数

□ =浅褐色（42）2股
□ =茶色、米色混合（47）2股
■ =茶色（43）2股

缝合方法

①将织片上的★标记对齐，缝成一个圈。

接缝至此
留出11厘米
卷针缝

②将围成圈的各条织片缝合起来。

14　14
卷针缝
留出的 11cm 的位置可以自由安排

③将▲标记处放在中心，固定。

缝合后的样子

No.12

凹凸围巾…第 20 页

●**材料** 和麻纳卡 DOUX！ 蓝色（5）145g/2 束；FAIR LADY 50 蓝色（102）25g/1 团

●**工具** 棒针 10mm

●**成品尺寸** 宽 17cm，长 162cm

●**密度** 10cm×10cm 面积内：起伏针 7 针，12 行（DOUX！）

●**编织要点**

1. 以手指挂线起针开始编织，用 DOUX！线编织 12 行起伏针条纹花样。
2. 剪线，换成 FAIR LADY 50 线再编织 12 行。
3. 参照换线的方法，交替重复步骤 1、2。
4. 编织终点处伏针收针，不要收得太紧，处理好线头，就完成了。

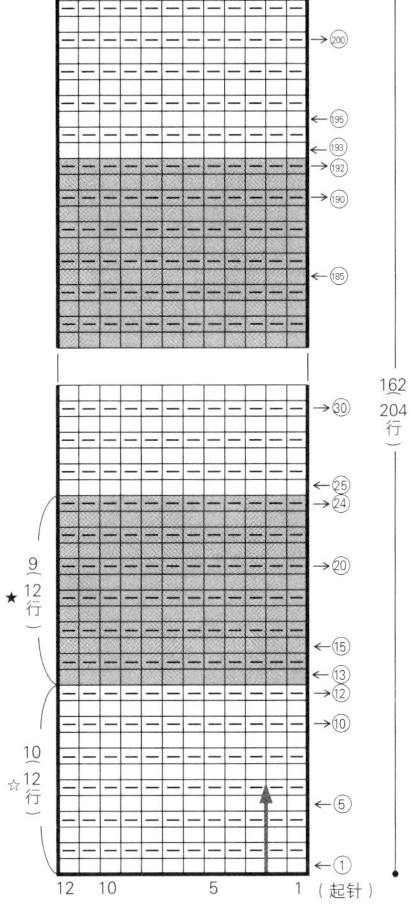

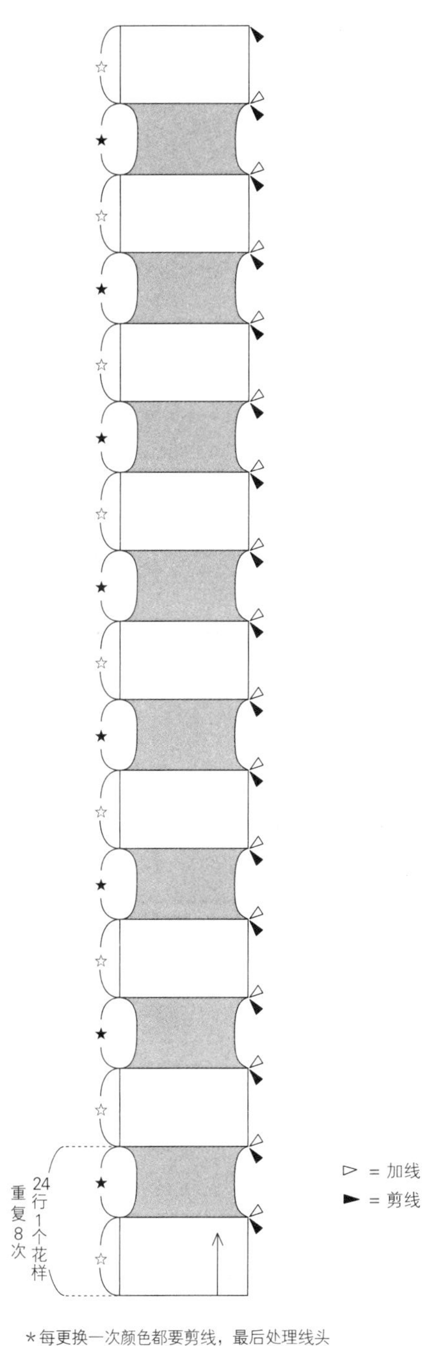

*每更换一次颜色都要剪线，最后处理线头

No.13

粗细线帽子…第 21 页

●**材料**　和麻纳卡 DOUX！ 蓝色（5）45g/1 束，FAIR LADY 50　蓝色（102）30g/1 团；直径 20mm 的纽扣 2 颗

●**工具**　棒针 10mm

●**成品尺寸**　头围 50cm，深 23.5cm

●**密度**　10cm×10cm 面积内：起伏针 7 针，12 行（DOUX！）；12 针，13 行（FAIR LADY 50）

●**编织要点**

1. 帽身、帽口都以手指挂线起针开始，编织起伏针至指定行数。编织终点处伏针收针。
2. 将帽身对折，卷针缝缝在一起。
3. 在穿线的位置穿入同色线，拉紧。将帽顶的两端塞入拉紧的部分，使帽顶成为圆形。
4. 从内侧将帽身和帽口用卷针缝缝合，缝上纽扣，就完成了。

帽身

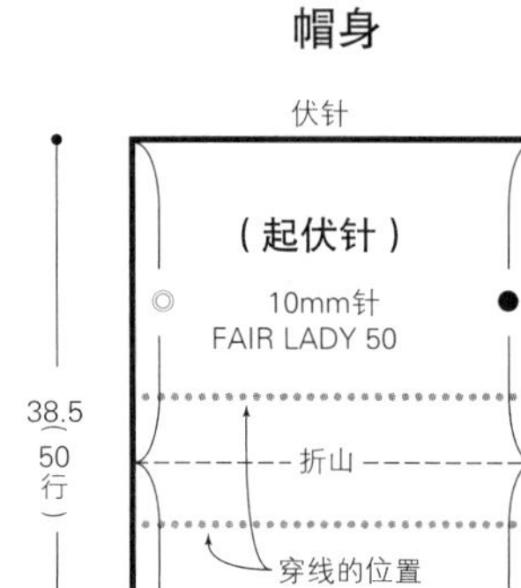

缝合方法

①将帽身对折，将有同样标记的边缝在一起。

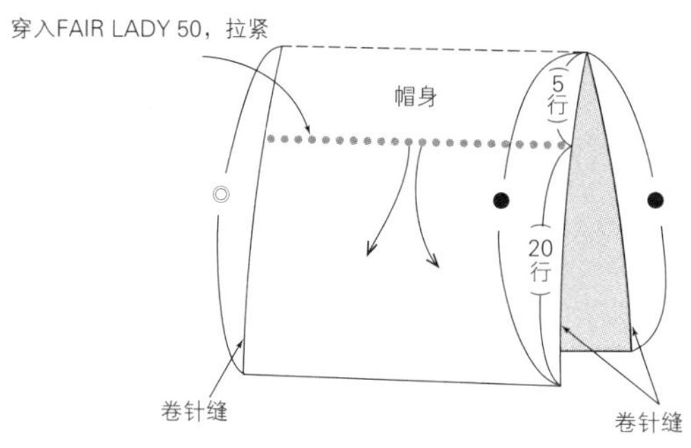

帽口

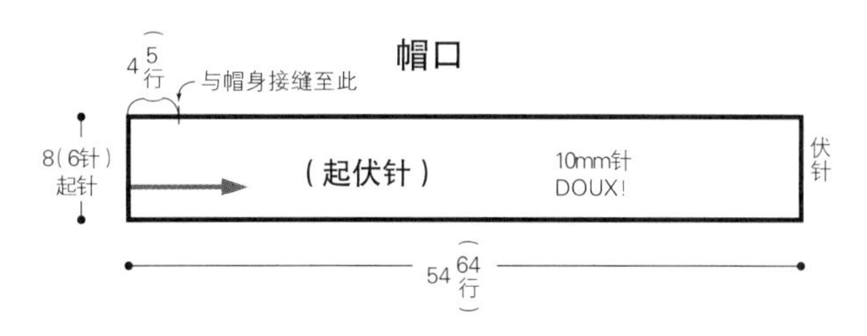

起伏针

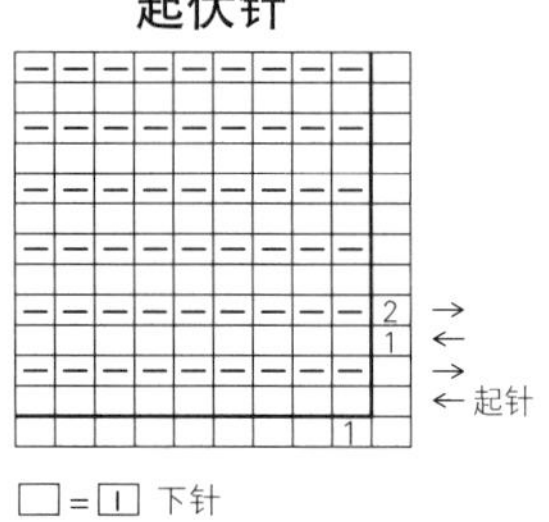

②将帽身与帽口缝合在一起。

3.5

将帽顶的两端塞入拉紧的部分，使帽顶成为圆形

帽身

卷针缝

与帽身接缝至此

4

帽口

2

3

扣眼（纽扣从眼中穿过）

2

1

钉纽扣

*用珠针固定帽身和帽口，从内侧用FAIR LADY 50等线间隔均匀地卷针缝缝合

No.14
三色混织围脖…第 23 页

●**材料**　和麻纳卡 EXCEED WOOL FL（粗）黄绿色（218）、浅绿色（219）、绿色（220）各 65g/ 各 2 团
●**工具**　棒针 15 号、8mm
●**成品尺寸**　宽 32cm，领围 55cm
●**密度**　10cm×10cm 面积内：起伏针 13 针，24 行（15 号棒针）;12 针，22 行（8mm 棒针）

●**编织要点**
1. 以手指挂线起针开始编织，3 股一起编织 48 行起伏针。
2. 换成 8mm 棒针，继续编织 26 行。编织终点处伏针收针。
3. 正面相对合拢，3 股线一起将有●标记的地方对齐，卷针缝缝合。

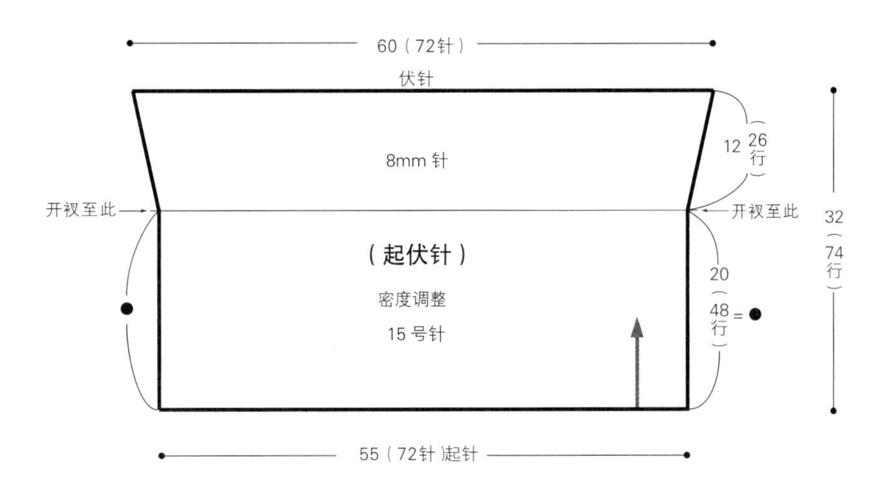

＊ 毛线为黄绿色（218）、浅绿色（219）、绿色（220）3 股一起编织

起伏针

2 →
1 ←
→
←起针

□=▯ 下针

缝合方法

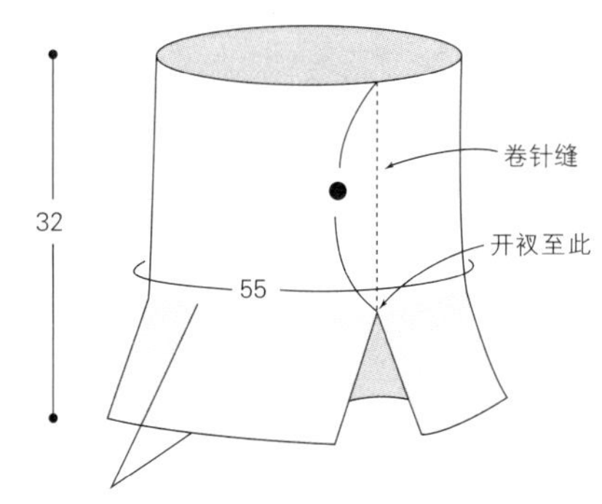

＊ 由于使用 8mm 棒针编织，宽度变大了（密度调整）

*3 股是指将 3 种颜色的线各取 1 股并在一起编织

No.15、16

带绒球的双色混纺围巾…第24页

●**材料** [No.15] 和麻纳卡 MEN' S CLUB MASTER
橙色(60) 70g/2团，蓝色(62) 45g/1团
[No.16] 和麻纳卡 MEN' S CLUB MASTER
原色(22) 70g/2团，米色(18) 45g/1团
●**工具** 棒针 10mm
●**成品尺寸** 宽 14cm，长 80cm
●**密度** 10cm×10cm 面积内：起伏针 8.5 针，14.5 行

●**编织要点**
1. 以手指挂线起针开始编织，2 股线一起编织 116 行起伏针。编织终点处伏针收针。
2. 参照绒球的制作方法，做 2 个绒球。装饰绳采用三股辫编法。
3. 将装饰绳的两端缝在围巾上，并在边缘缝上绒球，就完成了。

起伏针

10mm针
No.15…橙色(60)、蓝色(62) 2股(各1股)
No.16…原色(22)、米色(18) 2股(各1股)

伏针收针
116 115 110 105 20 15 10 5 1
12 10 5 1 (起针)
80 (116行)
14(12针)起针
□=□ 下针

缝合方法

将绒球缝在装饰绳上
将装饰绳的两端缝在围巾两端各向内数一针的位置
20.5 (30行)

装饰绳

No.15…橙色(60) 2股
No.16…原色(22) 2股

按三股辫编法编织
18

绒球

绕100次 2个

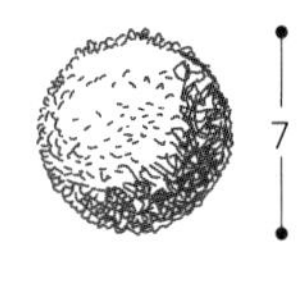

7
No.15…橙色(60)
No.16…原色(22)

*做法请参照第49页

举一反三 配色

MEN' S CLUB MASTER

01 浅茶色(59)、蓝色(62) 2股(各1股)
02 浅茶色(59)、浅蓝色(54) 2股(各1股)
03 橙色(60)、浅蓝色(54) 2股(各1股)

*2股(各1股)是指将两种颜色的线各取1股并在一起编织

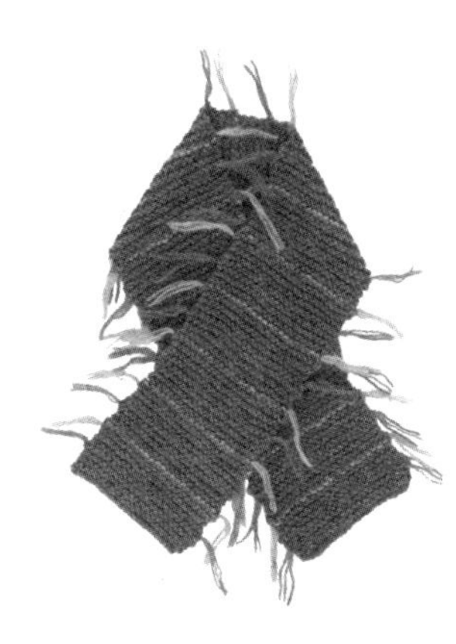

No.19

随意加穗的围巾…第28页

●**材料**　和麻纳卡 MEN'S CLUB MASTER 茶色（46）110g/3团；CANADIAN 3S（TWEED）红色（104）、绿色（103）各15g/各1团

●**工具**　棒针15号

●**成品尺寸**　宽18cm，长134cm

●**密度**　10cm×10cm面积内：起伏针条纹花样12针，19行

●**编织要点**

1. 以手指挂线起针开始，编织起伏针条纹花样。
2. 在指定位置的编织终点和编织起点处各留出CANADIAN 3S（TWEED）线10cm，同茶色线一起编织。
3. 编织终点处伏针收针。将留出的毛线修剪整齐，就完成了。

起伏针条纹花样

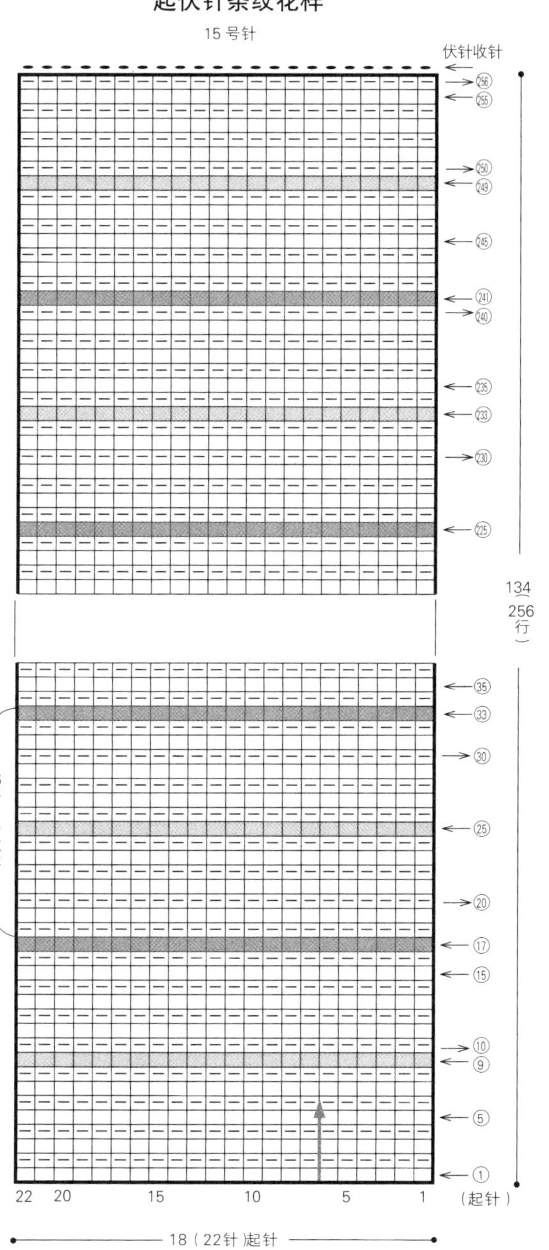

缝合方法

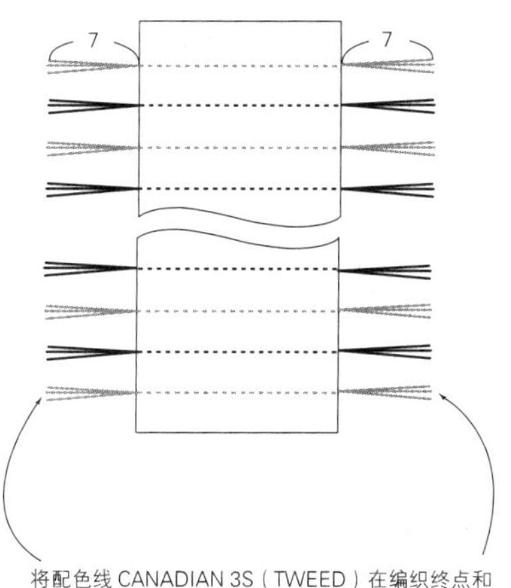

将配色线CANADIAN 3S（TWEED）在编织终点和编织起点处各留出10cm，之后剪成7cm

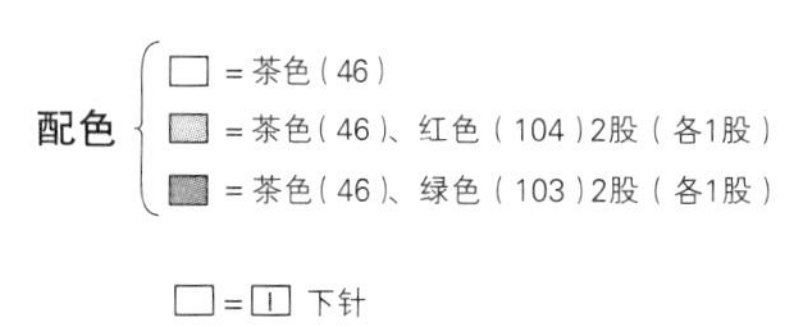

□ = Ⅰ 下针

No.17

不收针穿线围巾…第 26 页

●**材料** 和麻纳卡 SONOMONO ALPACA WOOL 原色（41）、茶色（43）各 60g/ 各 2 团，茶色、米色混合（47）30g/1 团

●**工具** 棒针 12 号（双头棒针）

●成品尺寸 宽 18cm，长 116cm

●**密度** 10cm×10cm 面积内：起伏针条纹花样 16 针，27 行

●**编织要点**

1. 以手指挂线起针开始编织，参照图示编织 314 行起伏针条纹花样。需要注意，编织过程中有不改变织片正反面，连续 2 行都为下针的例外部分（■）。
2. 编织终点处伏针收针。将要松开的针目的前一个针目的线抽出多一点（约 2cm），松开的针目不伏针收针，直接从棒针脱下，下一针再伏针收针。
3. 将从棒针脱下的针目用手指依次松开，直到编织起点的第 1 行（整条不收针）。
4. 参照图样，用 4 根茶色、米色混合毛线依次交替穿过针目脱下的部分，处理一下线头。

（起伏针条纹花样）

12号针　使用双头棒针

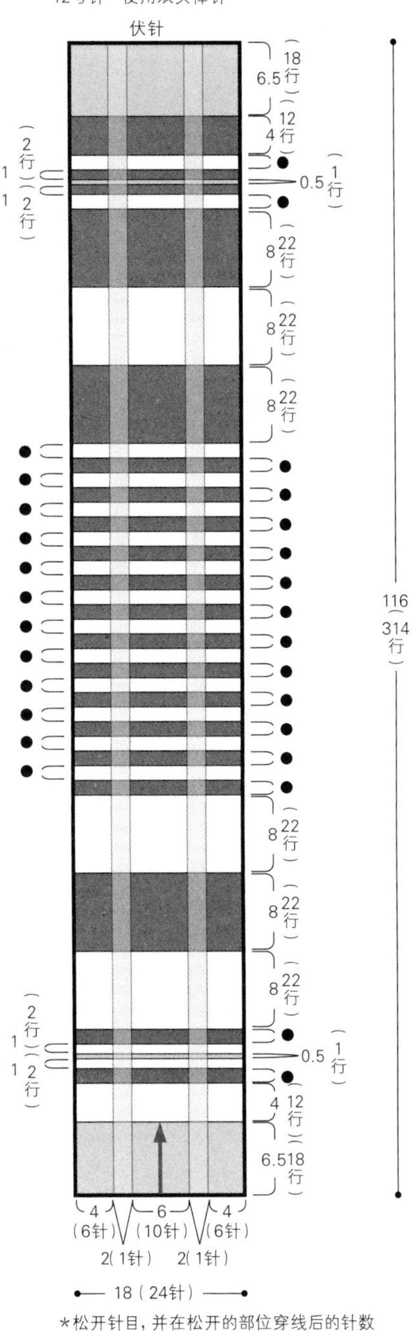

*松开针目，并在松开的部位穿线后的针数

在松开针目的部位穿线的方法

在手缝针上穿上茶色、米色混合线，4根依次并排交替穿过横向的毛线。结尾处处理线头。

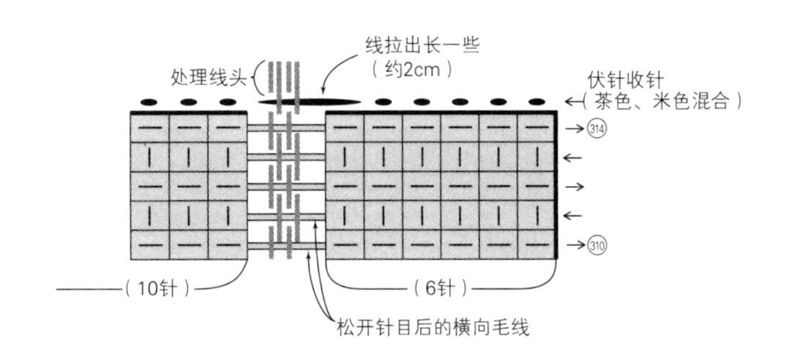

*注意不要拉出过多毛线

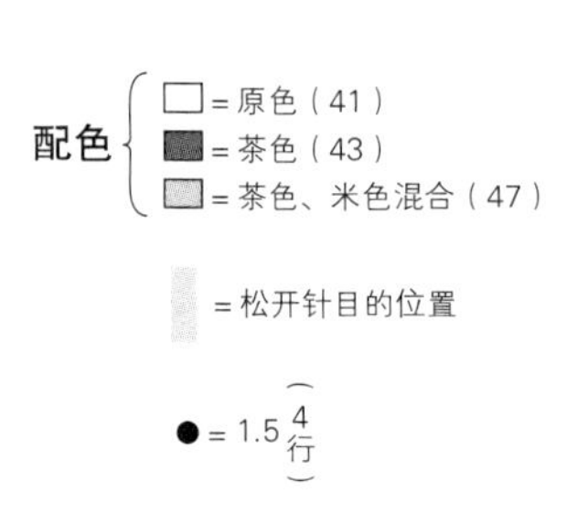

起伏针条纹花样

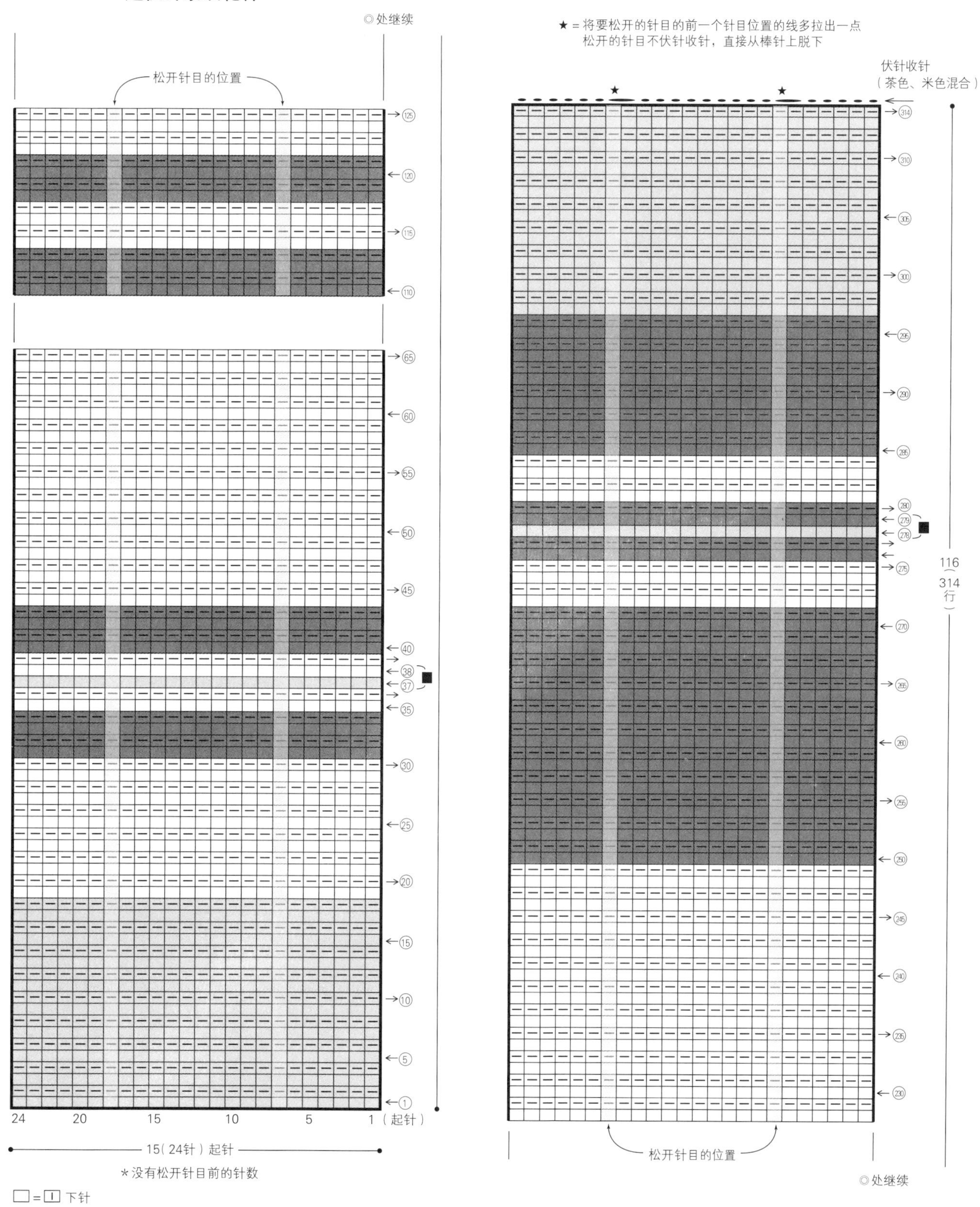

□=[I] 下针

■=第37行为改变颜色后编织的一行，编好后剪线
第38行继续在该面（换手拿织片），从右侧拿取下方的毛线编织（第278、279行相同）

No.18

不收针穿线帽子…第 27 页

●材料 和麻纳卡 SONOMONO ALPACA WOOL 原色（41）、茶色（43）各 45g/ 各 2 团

●工具 棒针 12 号（双头棒针）

●成品尺寸 头围 52cm，深 17.5cm

●密度 10cm×10cm 面积内：条纹花样 15 针，29.5 行

●编织要点

1. 以手指挂线起针开始编织，参照图示编织 153 行条纹花样（起伏针的变形）。
2. 编织终点处伏针收针。将要松开的针目的前一个针目位置的线拉出多一点（约 2cm），松开的针目不伏针收针，直接从棒针脱下，下一针再伏针收针。
3. 将从棒针松开的针目用手指依次松开，直到编织起点的第 1 行（不收针）。
4. 参照图示，用 6 根毛线依次交替穿过针目松开的部分，最后处理一下线头。将编织起点和编织终点处卷针缝缝合，穿入抽绳，就完成了。

（条纹花样）

12号针

使用双头棒针

★ = 将要松开的针目的前一个针目位置的线拉出多一点 松开的针目不伏针收针，直接从棒针脱下

从内侧伏针收针（原色）

153　150　145　140　135　20　15　10　5　1

27　25　20　15　10　5　1

52（153 行）

18（27针）起针

＊没有松开针目前的针数

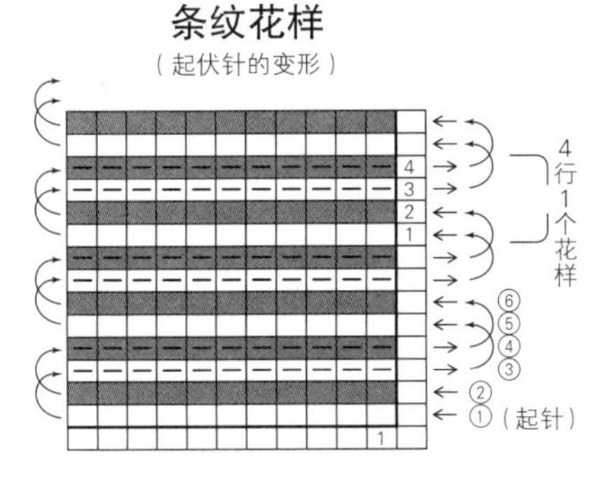

1.（第1行）用原色毛线起针，停针。
2.（第2行）从正面（不改变织片正反，从右侧）编织茶色毛线，停针。
3.（第3行）起针，取停针的原色毛线，在反面织1行。
4.（第4行）编织好第2行后，取停针的茶色毛线，在反面织1行。
5.（第5行）编织好第3行后，取停针的原色毛线，在正面织1行。
6.（第6行）编织好第4行后，取停针的茶色毛线，在正面织1行。
7.按此步骤，不需剪线，一直编织下去。

□ = ▯ 下针

配色 { □ = 原色（41） ■ = 茶色（43）

= 松开针目的位置

缝合方法

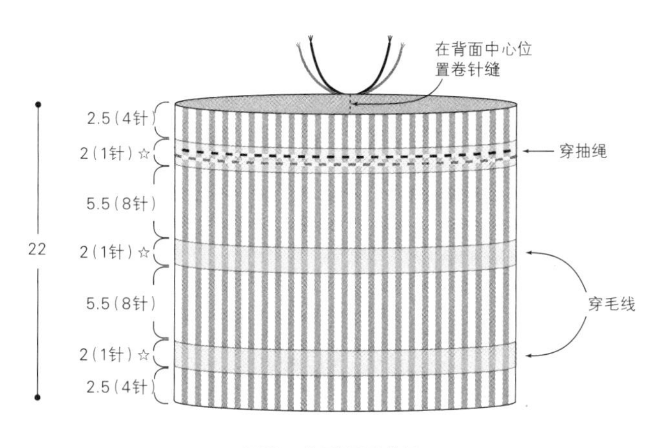

▒ = 松开针目的位置

☆ = 松开针目，并在松开的部位穿线后的针数

在松开针目的部位穿线的方法

茶色与米色线各3股，共计6股依次并排交替穿过横向的毛线。结束时处理线头

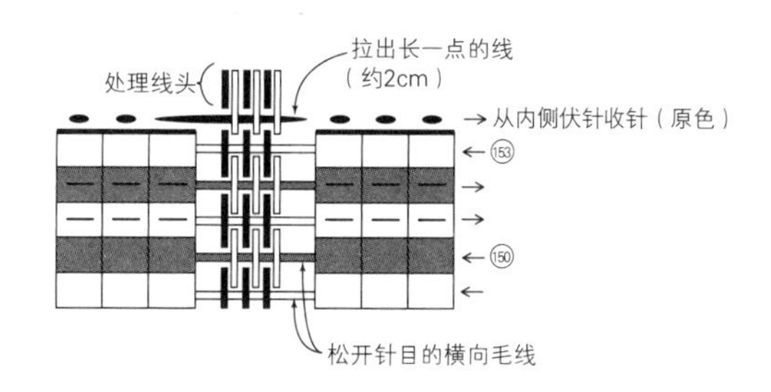

＊注意头围的尺寸，不要拉出过多毛线

配色 { □ = 原色（41）
■ = 茶色（43）

□ = ｜ 下针

在松开针目的部位穿抽绳的方法

将抽绳（共计2根）依次并排交替穿过横向的毛线

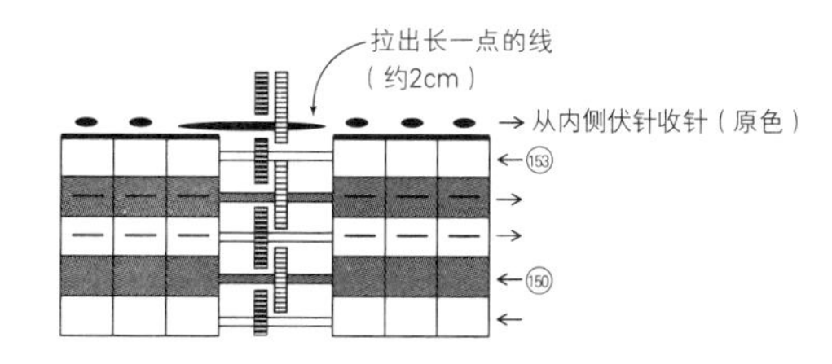

＊拉紧抽绳，打结，便成了帽子的形状

抽绳

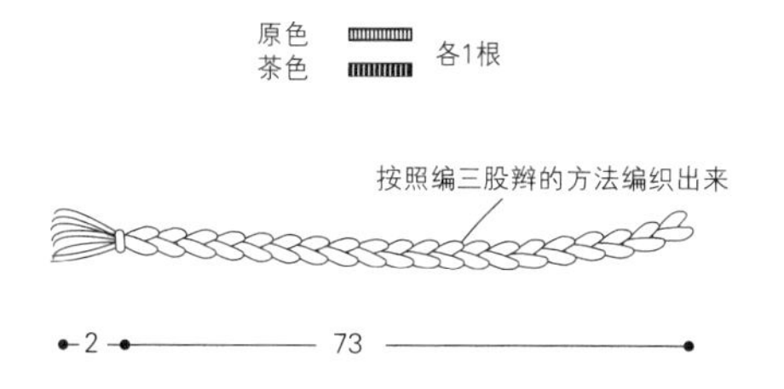

No.20

渐变混色帽…第 29 页

●**材料**　和麻纳卡 EXCEED WOOL L（中粗）浅褐色（331）、灰粉色（308）各 50g/ 各 2 团，粉色（340）30g/1 团

●**工具**　棒针 10 号

●成品尺寸　头围 48cm，深 22.5cm

●**密度**　10cm×10cm 面积内：起伏针条纹花样 14 针，25 行

●**编织要点**

1. 以手指挂线起针开始编织，2 股一起编织 56 行起伏针条纹花样。
2. 第 57 行全部针目织左上 2 针并 1 针，织好后针数为原来的一半，停针。
3. 在背面中心位置卷针缝，成为一个圈。将编织终点的线穿过最后一行的针目，拉紧。

起伏针条纹花样　10 号针

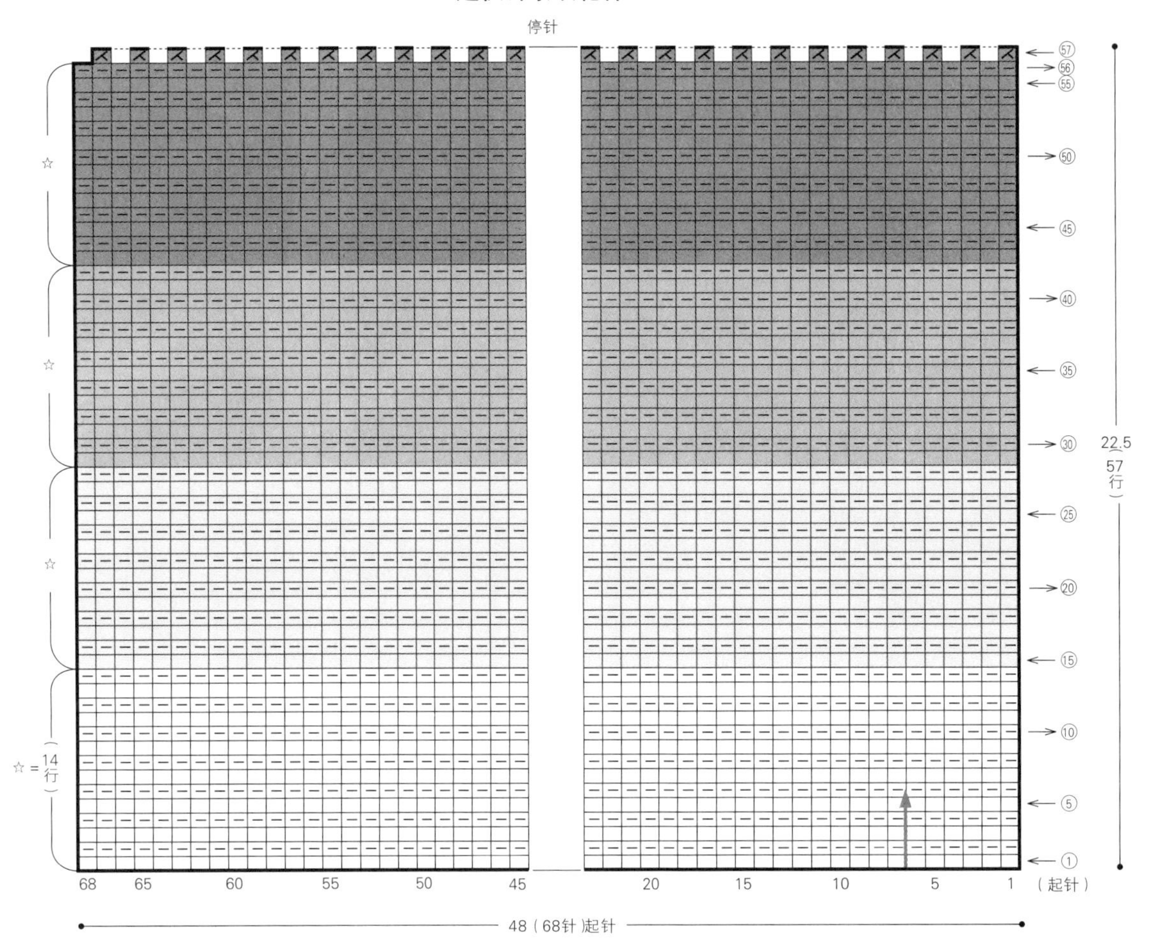

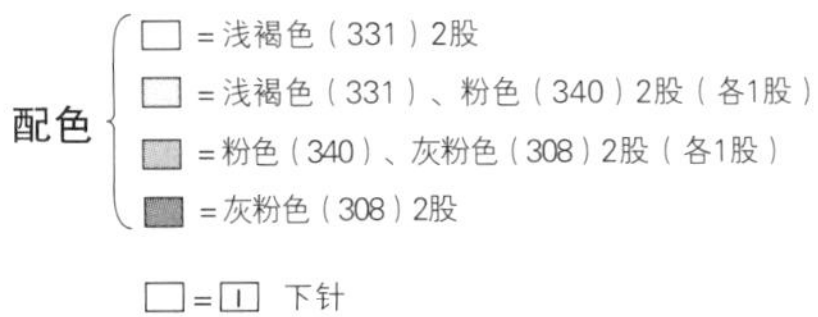

缝合方法

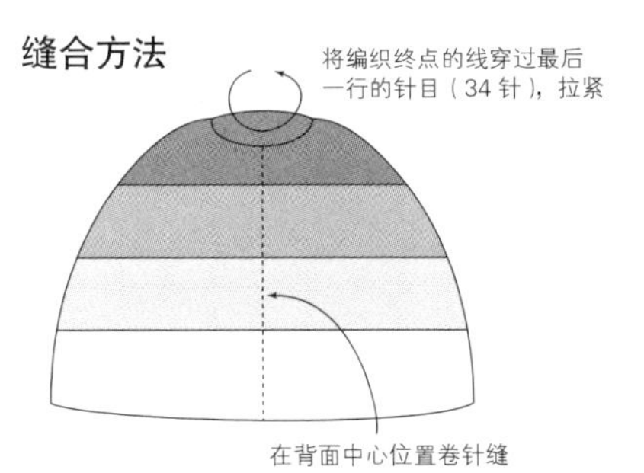

No.21
糖果帽…第 32 页

●**材料** 和麻纳卡 SONOMONO ALPACA WOOL L（中粗）灰色（64）90g/3 团

●**工具** 棒针 6 号

●**成品尺寸** 头围 50cm，深 21cm

●**密度** 10cm×10cm 面积内：起伏针 18 针，36 行

●**编织要点**

1. 以手指挂线起针开始，编织 102 行起伏针，编织终点处伏针收针。
2. 在背面中心位置卷针缝，成为一个圈。
3. 蝴蝶结带同帽子一样起针，编织 140 行起伏针，编织终点处伏针收针。
4. 将蝴蝶结带穿过指定位置，就完成了。

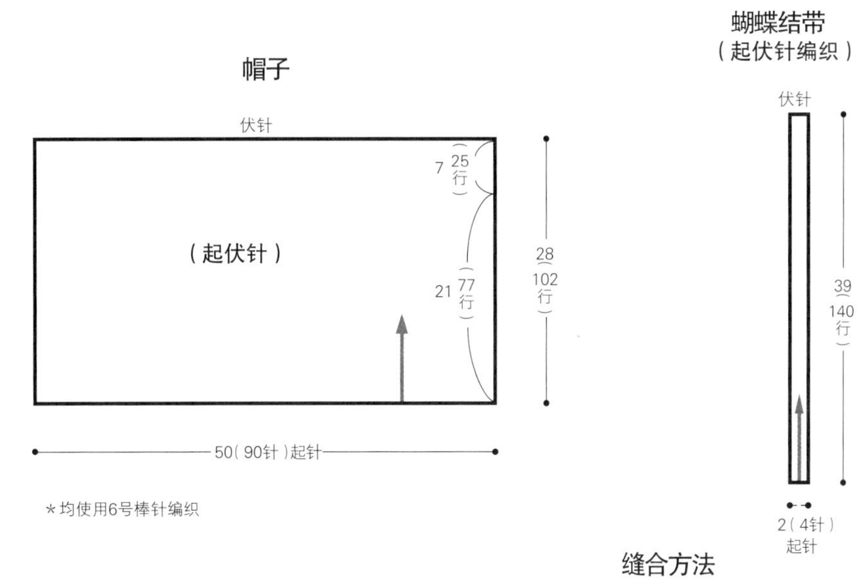

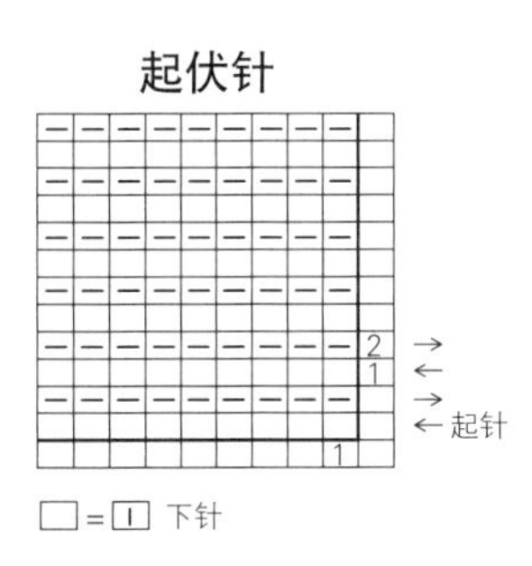

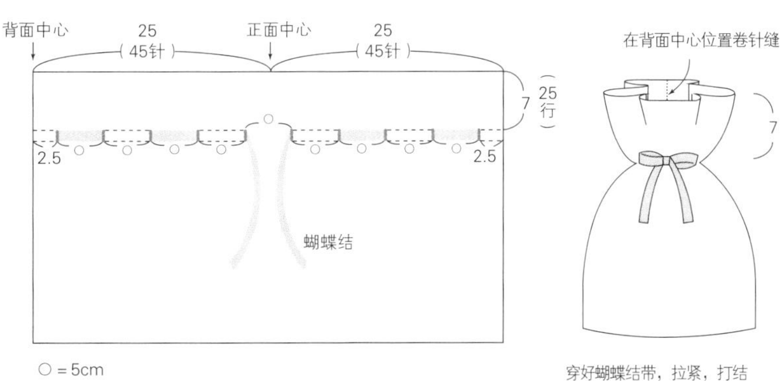

○ = 5cm

I = 穿蝴蝶结带的位置

*在针目间穿过蝴蝶结带

举一反三 配色

和麻纳卡 SONOMONO ALPACA WOOL L（中粗）

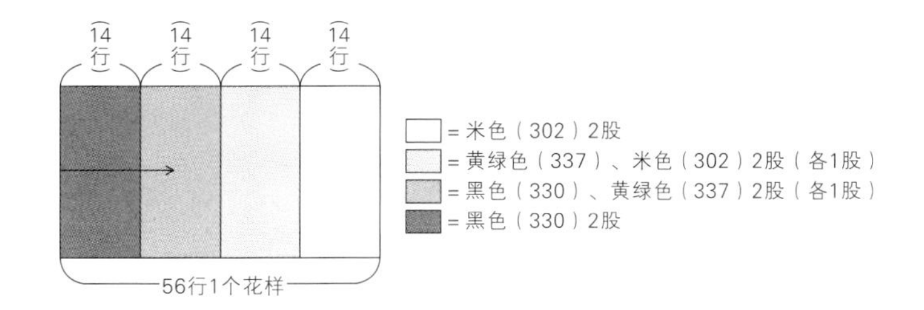

No.22、23

头巾帽…第 33 页

●**材料**　[No.22] 和麻纳卡 ALAN TWEED 米色（2）60g/2 团
[No.23] 和麻纳卡 ALAN TWEED 藏青色（11）60g/2 团
●**工具**　棒针 12 号
●**成品尺寸**　头围 46cm，深 22cm（实际大小）
●**密度**　10cm×10cm 面积内：起伏针 16 针，25 行

●**编织要点**

1. 以手指挂线起针开始编织，一边编织起伏针，一边用毛线做标记，编织 164 行。
2. 编织终点处伏针收针，收得紧一些。
3. 在指定位置用同色线缝起来，缝好后缩减为 32cm。参照缝合方法，将有同样标记的部位从反面卷针缝缝合。

No.22、23

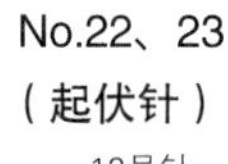

（起伏针）

12号针

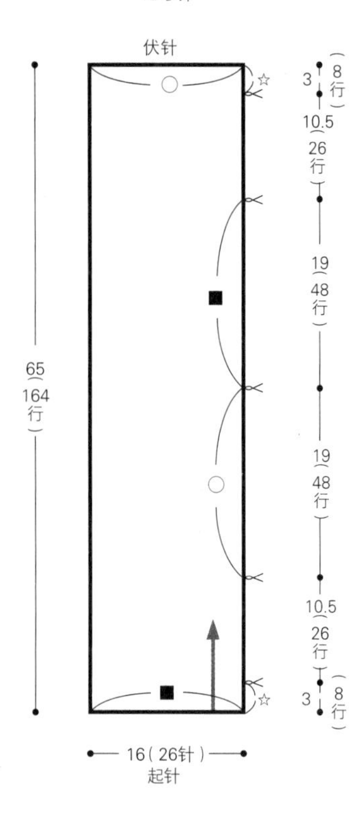

✂=用毛线做标记的位置

缝合方法

①将有○和■标记的部分缩减为32cm。

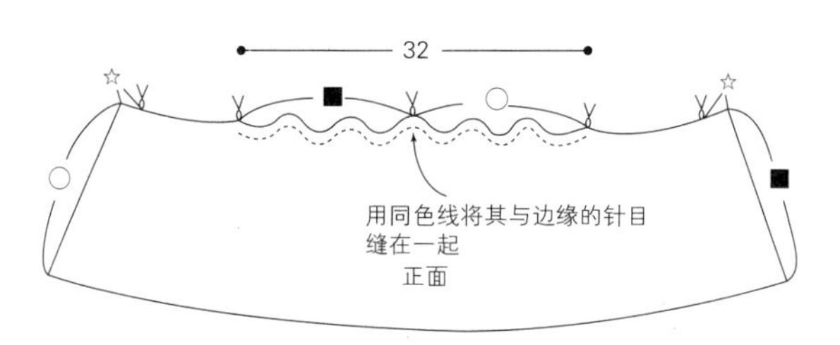

②将有■和○标记的地方缝合在一起。

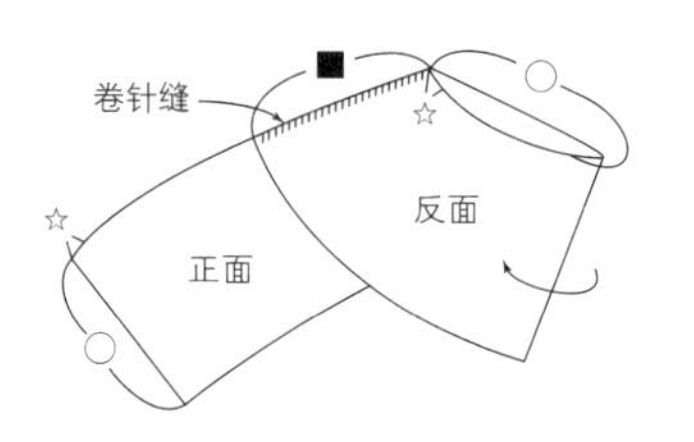

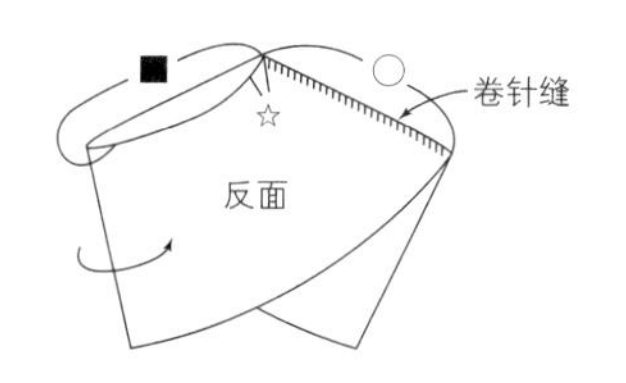

③将有☆标记的地方缝合在一起，翻面，完成。

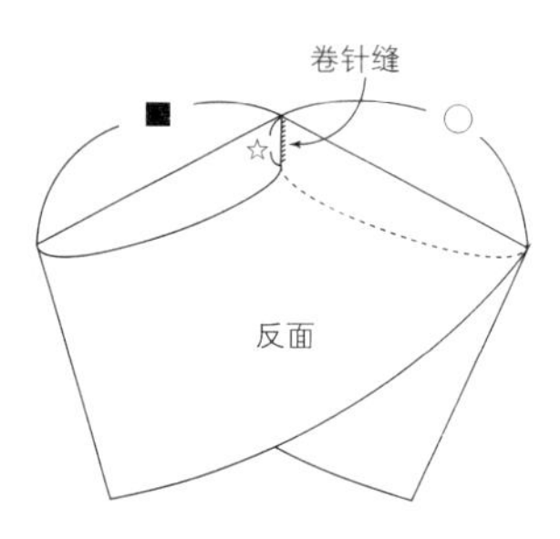

起伏针

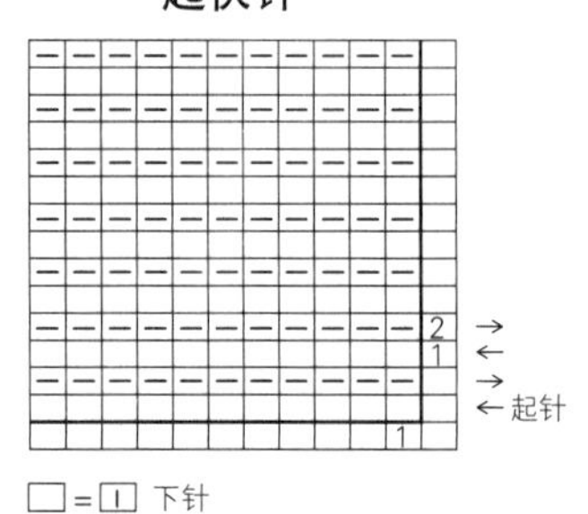

□=Ⅰ 下针

No.25
护耳拼接帽…第36页

●**材料** 和麻纳卡 SONOMONO ALPACA WOOL（中粗）原色（61）65g/2团

●**工具** 棒针10号

●**成品尺寸** 头围52cm，深19cm

●**密度** 10cm×10cm面积内：起伏针16针，32行

●**编织要点**

1. 以手指挂线起针开始编织帽子，编织60行起伏针。第61行全部针目编织左上2针并1针，然后停针。
2. 在背面中心位置卷针缝，成为一个圈。将编织终点的毛线穿进手缝针，穿过停针的针目2周，之后拉紧。
3. 花片与帽子同样起针，编织起伏针。编织终点处伏针收针。
4. 参照缝合方法，完成作品。

帽子

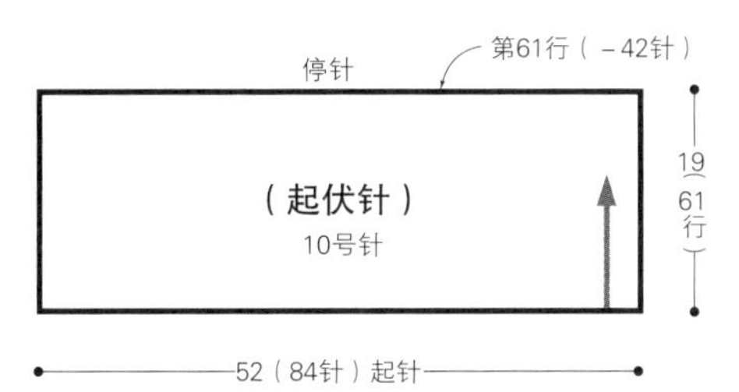

*停针方法请参照第45页

帽子的符号图

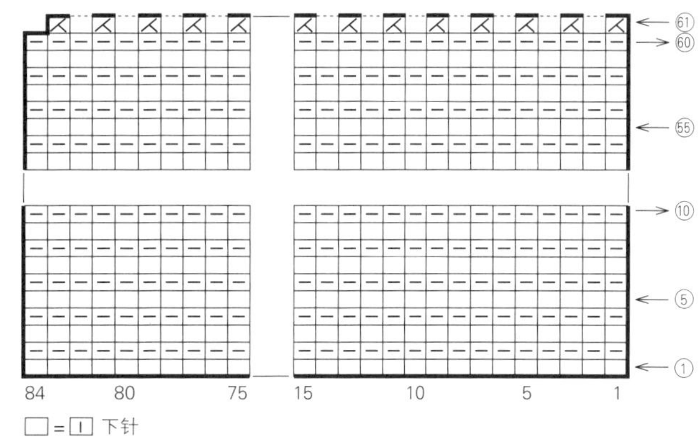

□=⊟ 下针

⋌ =左上2针并1针（编织方法请参照第45页）

花片
（起伏针）
10号针 2片

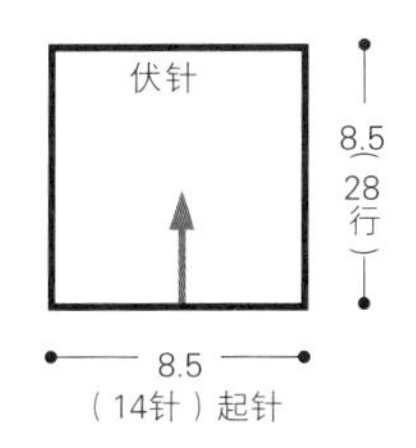

缝合方法

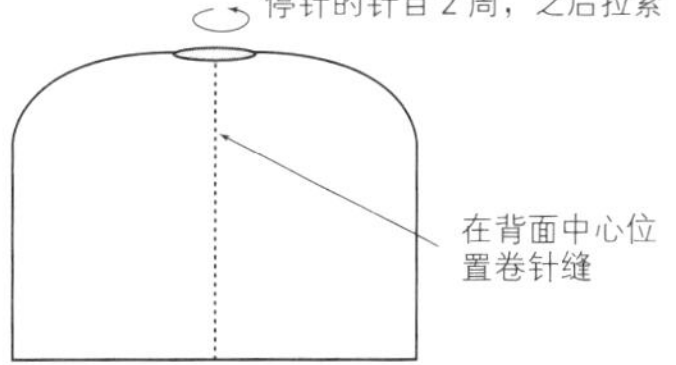

绒球

绕100圈 1个

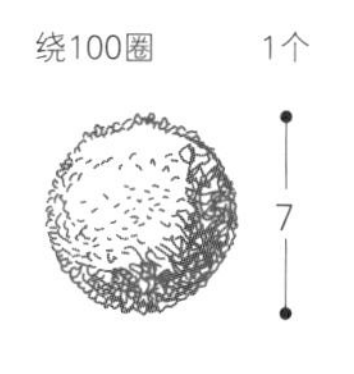

*做法请参照第49页

起伏针

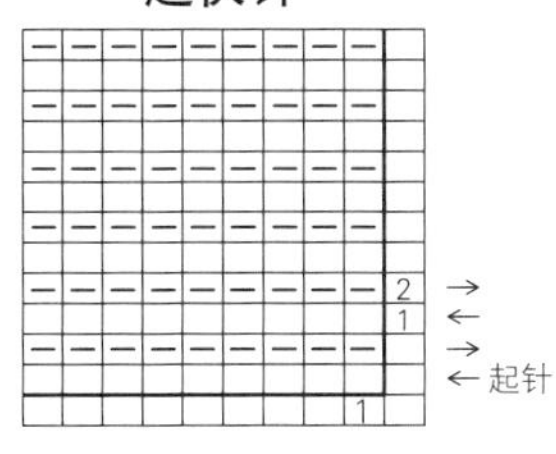

□=⊟ 下针

缝上绒球

藏针缝

花片

装饰抽绳

*在左右两侧面分别缝上花片，在花片的尖端缝上装饰抽绳

装饰抽绳

1根3股，共编2根装饰抽绳

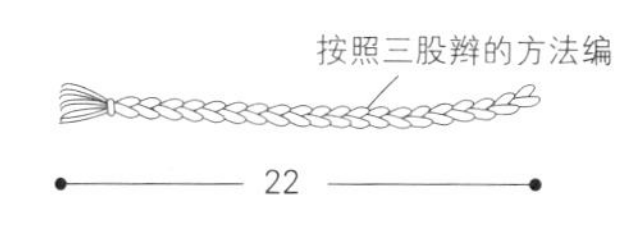

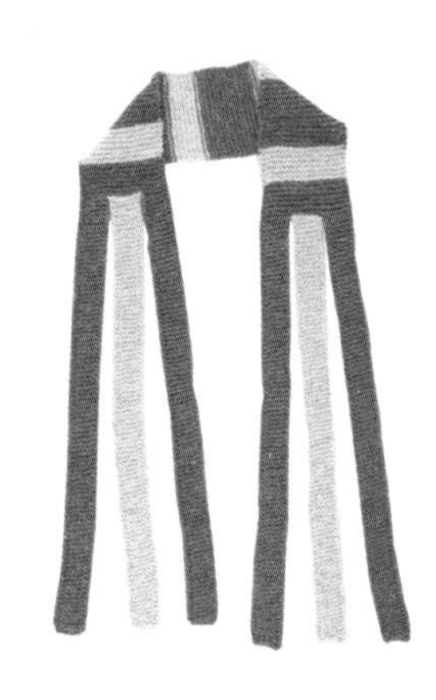

No.24

分衩围巾…第 35 页

●**材料**　和麻纳卡 SONOMONO ALPACA WOOL 茶色（43），灰色（45），白色、米色混合（46）各 70g/ 各 2 团

●**工具**　棒针 12 号

●成品尺寸　宽 14cm，长 190cm

●**密度**　10cm×10cm 面积内：起伏针 15 针，30 行；起伏针条纹花样 15 针，28 行

●**编织要点**

1. 以手指挂线起针开始编织，各色毛线编织 194 行起伏针。编织终点处停针。
2. 停针处挑 22 针，编织起伏针条纹花样 168 行。
3. 留下 8 针，其余停针，接着继续用灰色毛线编织 194 行起伏针，编织终点处伏针收针。
4. 按照白色、米色混合和茶色的顺序，从停针处挑针，编织起伏针。编织终点处伏针收针。

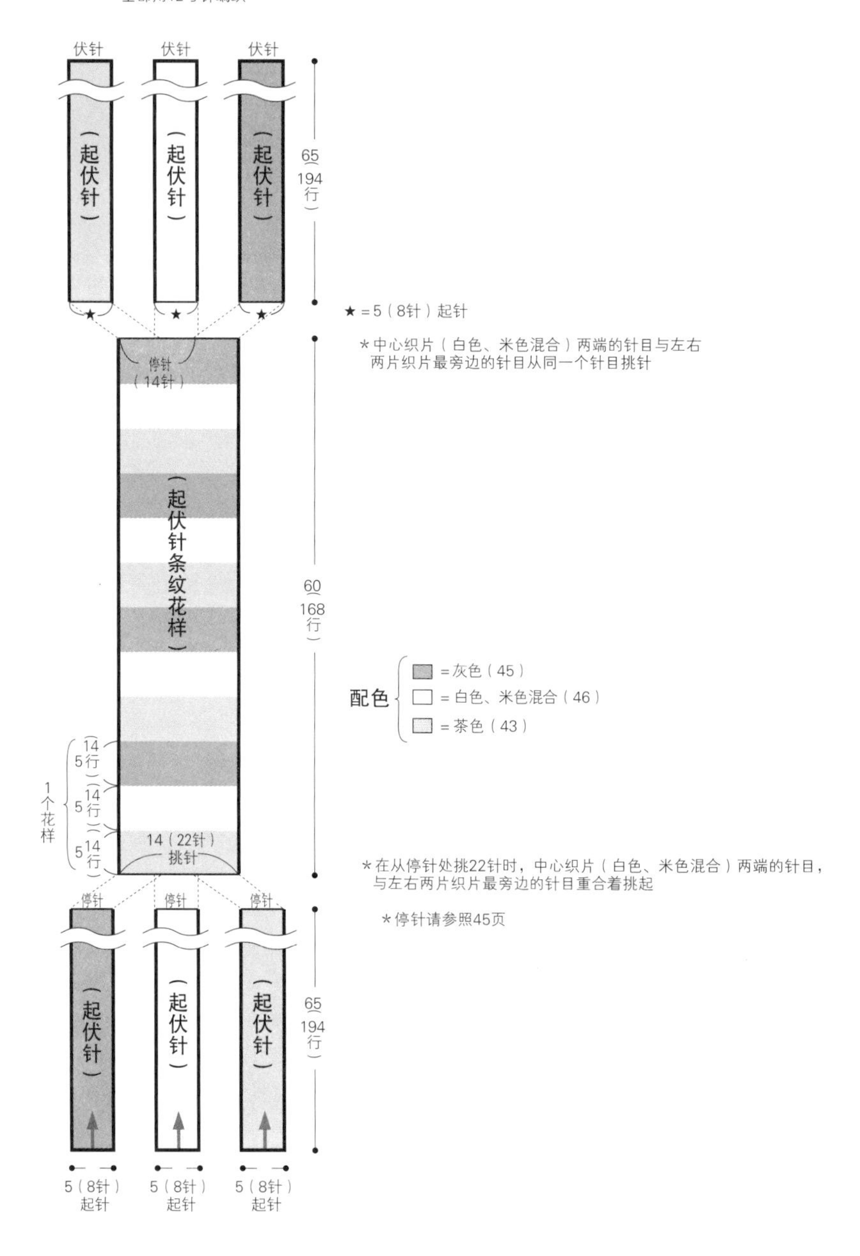

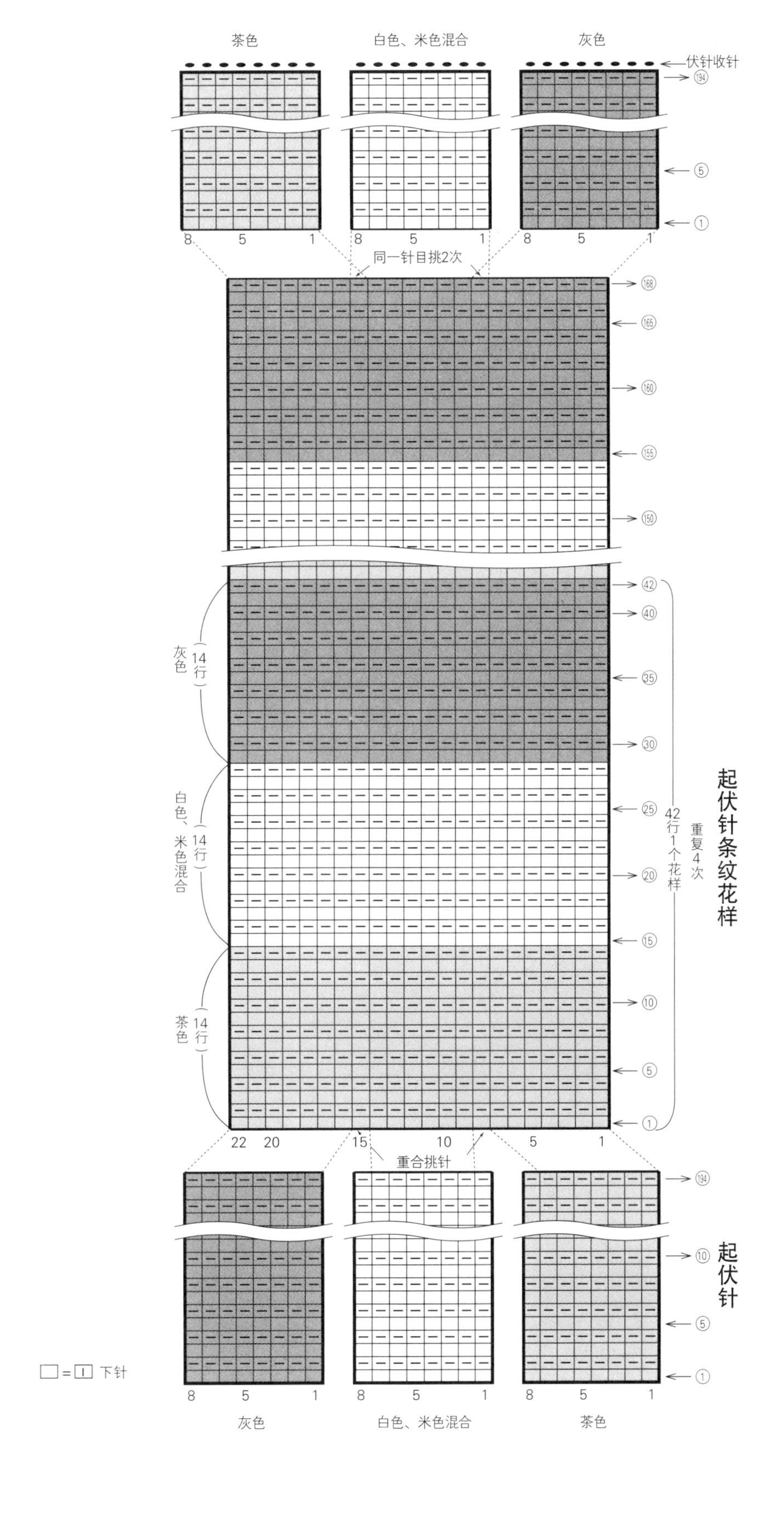

茶色
白色、米色混合
灰色
伏针收针
194
5
1
8
5
1
同一针目挑2次
168
165
160
155
150
42
40
35
30
25
20
15
10
5
1
灰色（14行）
白色、米色混合（14行）
茶色（14行）
42行1个花样
重复4次
起伏针条纹花样
22
20
15
10
5
1
重合挑针
194
10
5
1
起伏针
8
5
1
灰色
白色、米色混合
茶色
□=□ 下针

No.26、27

多彩拼接帽…第37页

No.26

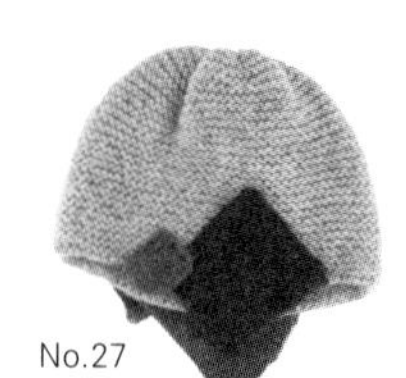

No.27

●**材料** [No.26] 和麻纳卡 SONOMONO ALPACA WOOL（中粗）浅褐色（62）50g/2 团；ALPACA MOHAIR FINE 绿色（6）、橙色（15）、红色（16）、蓝色（19）各 5g/ 各 1 团

[No.27] 和麻纳卡 SONOMONO ALPACA WOOL（中粗）浅褐色（62）50g/2 团；ALPACA MOHAIR FINE 绿色（6）、橙色（15）、蓝色（19）各 5g/ 各 1 团

●**工具** 棒针 6 号、10 号

●**成品尺寸** 头围 52cm，深 19cm（实际大小）

●**密度** 10cm×10cm 面积内：起伏针 16 针，32 行（10 号棒针）；22 针，40 行（6 号棒针）

●**编织要点**

1. 以手指挂线起针开始编织帽子，编织 60 行起伏针。第 61 行全部针目织左上 2 针并 1 针，然后停针。
2. 在背面中心位置卷针缝，成为一个圈。将编织终点的毛线穿进手缝针，穿过停针的针目 2 周，之后拉紧。
3. 大、中、小花片与帽子同样起针，起伏针编织指定片数。编织终点伏针收针。
4. 参照缝合方法，将花片缝到帽子上。

帽子

No.26、27

浅褐色（62）

停针

第61行（－42针）

（起伏针）

10号针

19

61行

52（84针）起针

*停针的方法参照第45页

帽子的符号图

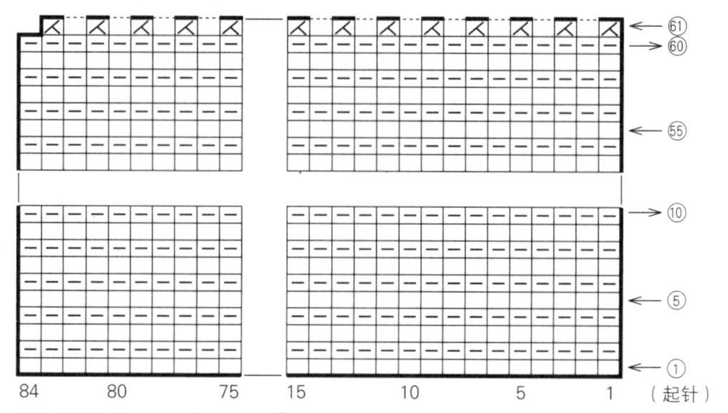

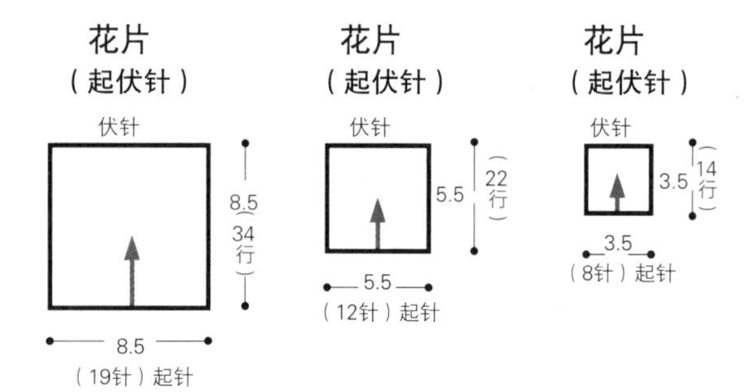

*No.26、27的花片都用和麻纳卡 ALPACA MOHAIR FINE 线编织，采用6号针

花片的颜色和数量

	No.26	No.27
花片大		蓝色、橙色…各1片
花片中	绿色、橙色…各1片	
花片小	绿色、红色、蓝色…各1片	绿色、橙色…各1片

缝合方法

*No.26、27通用

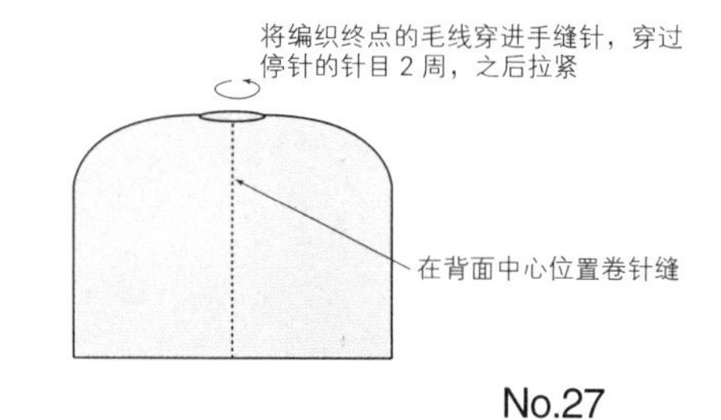

No.26

右侧面

将各花片的中心缝起来

花片（中）（橙色）

花片（小）（红色）

花片（小）（绿色）

花片（小）（蓝色）

花片（中）（绿色）

*右侧面缝上2块中号花片，再在其上适当位置缝上3块小号花片

No.27

右侧面

藏针缝

花片（大）（橙色）

花片（小）（绿色）

左侧面

花片（小）（橙色）

花片（大）（蓝色）

*左右侧面各缝上1块大号花片，再在其上适当位置藏针缝缝上小号花片

No.28
兜帽围脖…第39页

●**材料** 和麻纳卡 ALAN TWEED
黑灰色（9）、浅蓝色（4）各95g/各3团
●**工具** 棒针10号
●**成品尺寸** 头围60cm，深48.5cm
●**密度** 10cm×10cm面积内：起伏针条纹花样16针，32行

●**编织要点**
1. 以手指挂线起针开始编织，编织156行起伏针条纹花样。编织终点处伏针收针。
2. 将有●标记处对齐卷针缝。
3. 将有★标记处对齐卷针缝，就完成了。

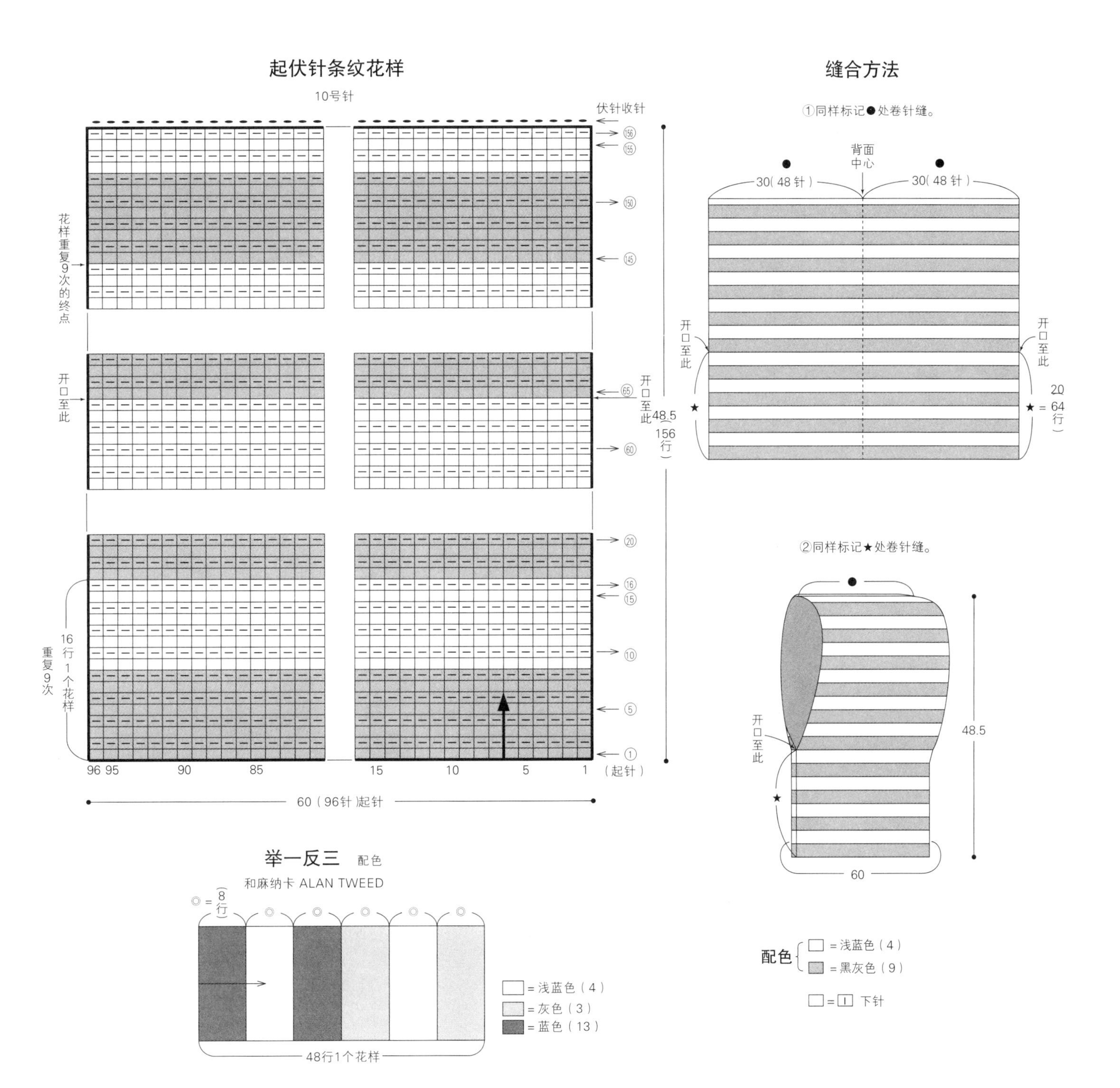

No.29

三股辫围脖…第40页

●材料 和麻纳卡 SONOMONO ALPACA LILY 原色（111）120g/3团

●工具 棒针10号

●成品尺寸 宽16cm，长35cm（实际尺寸）

●密度 10cm×10cm面积内：起伏针18针，32.5行

●编织要点

1. 以手指挂线起针开始编织276行起伏针。编织终点处伏针收针。
2. 编织3片同样的织片。
3. 将织片按照三股辫编法编织出来，编织起点和编织终点处卷针缝，成为一个圈。

（起伏针）

10号针 3片

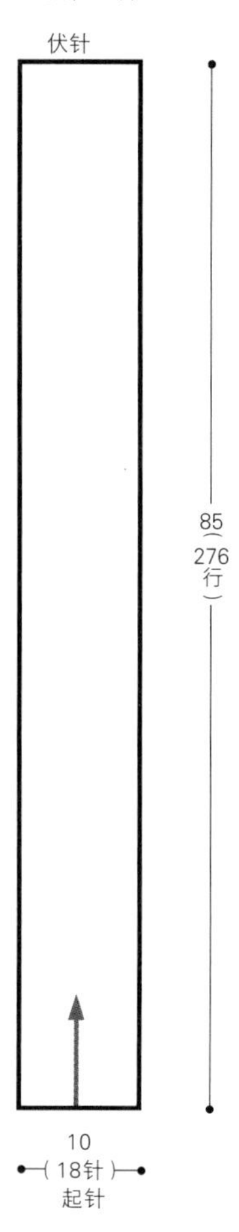

起伏针

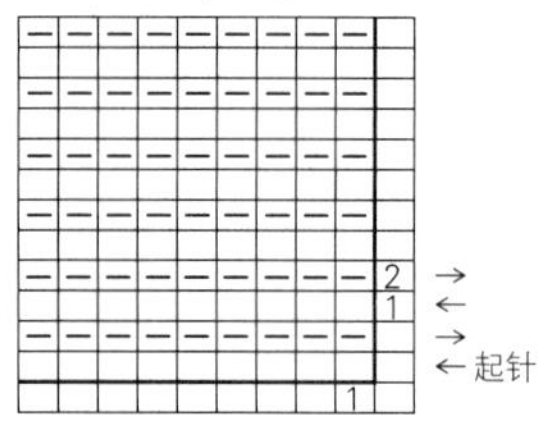

缝合方法

① 将3片织片松松地按照麻花辫编法编织出来，注意不要拧巴。

② 将1、2、3的编织起点和编织终点处卷针缝，成为一个圈。

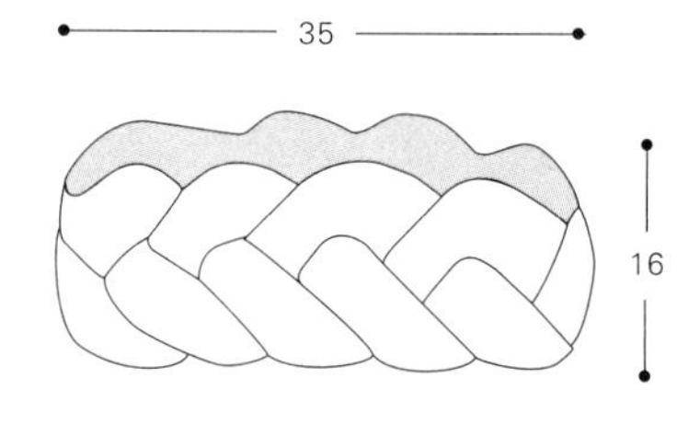

＊卷针缝的方法请参照46页

No.30

三股辫围巾…第 41 页

●**材料** 和麻纳卡 SONOMONO ALPACA LILY 米色（112）190g/5 团

●**工具** 棒针 10 号

●**成品尺寸** 宽 15cm，长 130cm（实际尺寸、含流苏）

●**密度** 10cm×10cm 面积内：起伏针 20 针，31.5 行

●**编织要点**

1. 以手指挂线起针开始编织，编织 378 行起伏针。编织终点处伏针收针。
2. 编织 3 片同样的织片。
3. 参照缝合方法，将第 1 片织片与第 3 片织片并排放置，第 2 片织片放在第 1、3 片织片的上方中央，各与它们重叠 1/2，然后将 3 片织片的顶端卷针缝缝合。
4. 将织片按照三股辫编法编织出来，编织终点同步骤 3 一样卷针缝缝合。缝上流苏，就完成了。

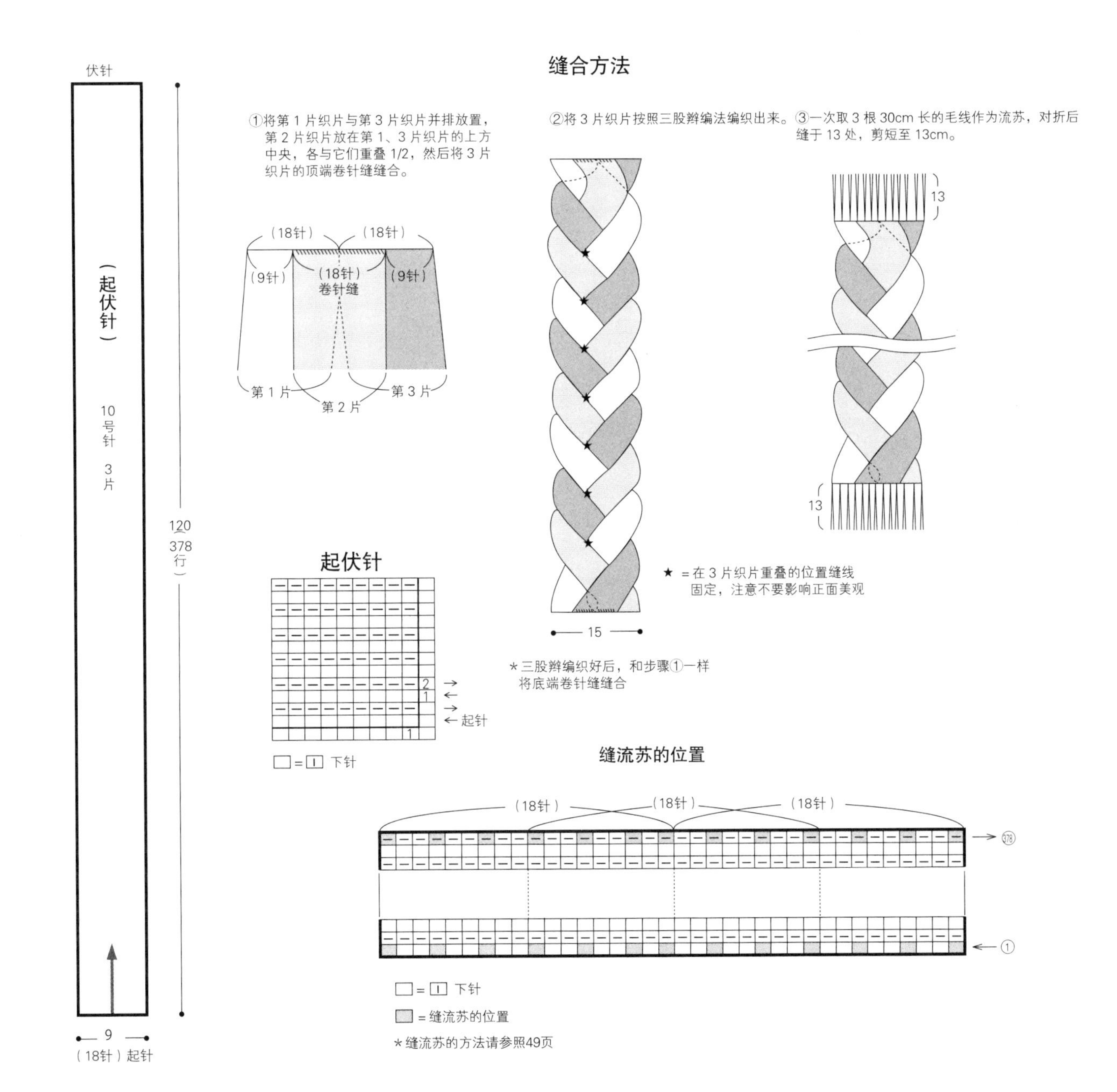

No.31

兜帽长围巾…第 43 页

●材料 和麻纳卡 ALAN TWEED
原色（1）220g/6 团
●工具 棒针 10 号（也可使用环形针）
●成品尺寸 宽 18cm，长 148cm（围巾部分）
●密度 10cm×10cm 面积内：起伏针 15.5 针，28 行

●编织要点
1. 以手指挂线起针开始编织，围巾部分编织 50 行起伏针。编织终点处伏针收针。
2. 从围巾的指定位置开始挑针，以起伏针编织兜帽。编织终点处伏针收针。
3. 兜帽正面相对，将有●标记的地方对齐卷针缝缝合。缝上流苏，就完成了。

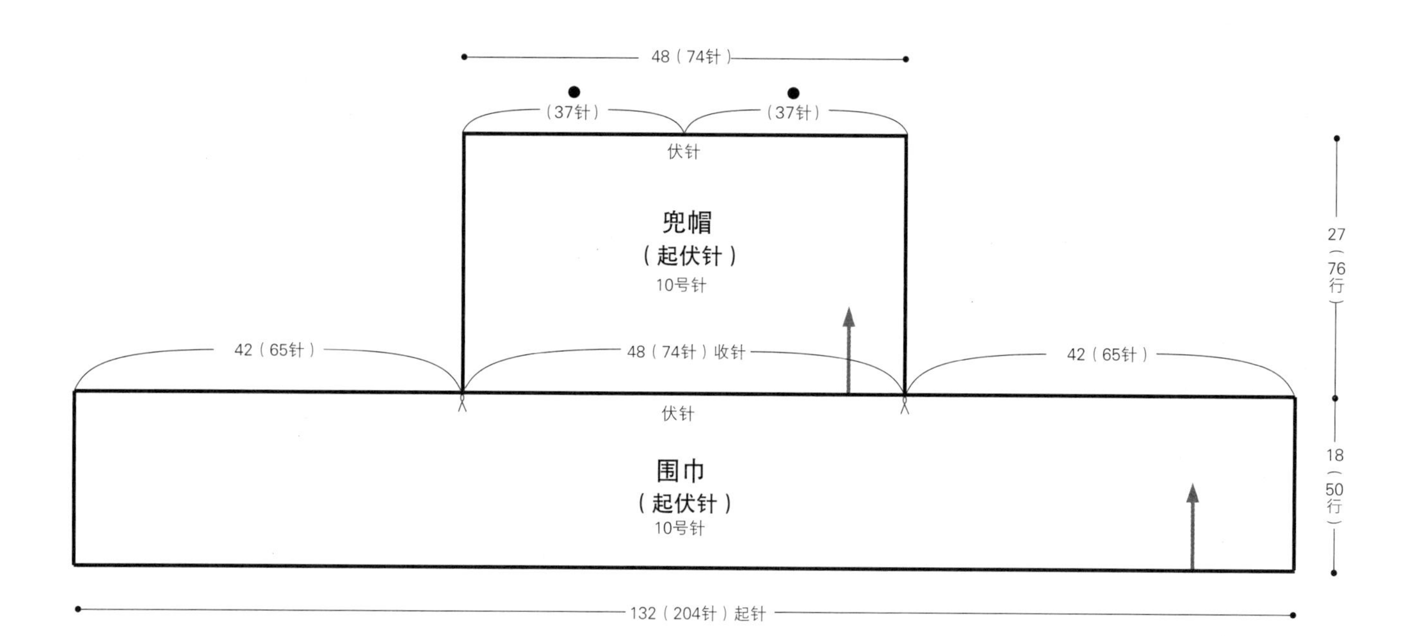

* 由于围巾部分针数较多，若编织时觉得困难，可用环形针往返编织

✂=接线的位置

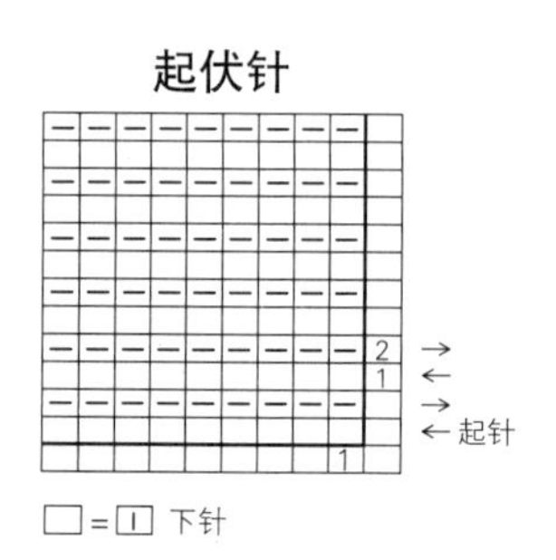

缝合方法

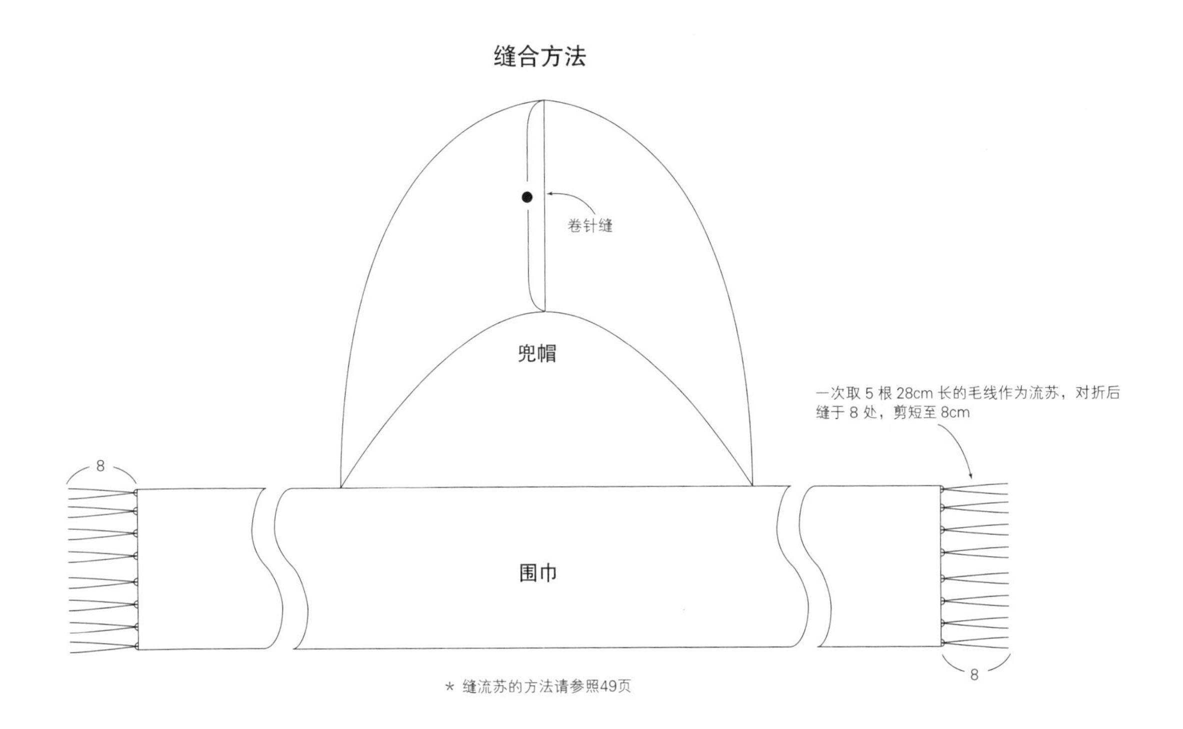

* 缝流苏的方法请参照49页

缝流苏的位置

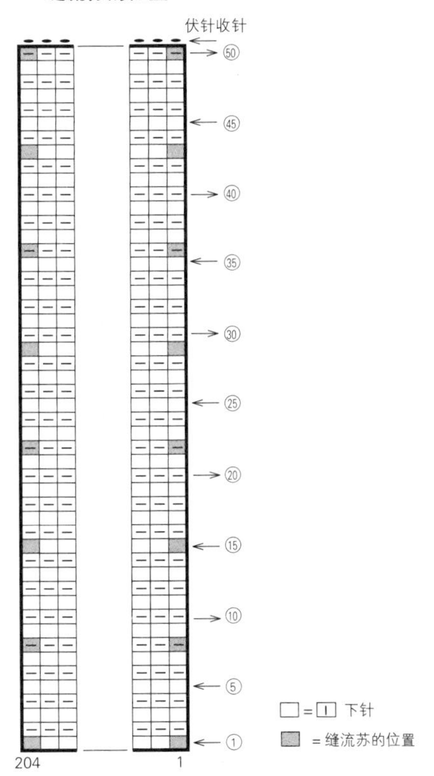

OMOTEAMI DAKEDE AMU BOUSHI TO MUFFLER（NV80378）

Photographers: SHIGEKI NAKASHIMA.NORIAKI MORIYA.YUKARI ARAI
Original Japanese edition published in Japan by NIHON VOGUE CO., LTD.,
Simplified Chinese translation rights arranged with BEIJING BAOKU INTERNATIONAL CULTURAL DEVELOPMENT Co., Ltd.

著作权合同登记号：图字16—2013—225

图书在版编目（CIP）数据

下针编织的帽子和围巾/日本宝库社编著. 沈清清译. —郑州：河南科学技术出版社，2014. 10
ISBN 978-7-5349-7341-3

Ⅰ. ①下… Ⅱ. ①日… ②沈… Ⅲ. ①帽-绒线-织—图集 ②围巾—绒线—编织—图集 Ⅳ. ①TS941.763.8-64

中国版本图书馆CIP数据核字（2014）第225429号

出版发行：河南科学技术出版社
地址：郑州市经五路66号　邮编：450002
电话：（0371）65737028 65788613
网址：www.hnstp.cn
策划编辑：刘　欣
责任编辑：张　培
责任校对：柯　姣
封面设计：张　伟
责任印制：张艳芳
印　　刷：北京盛通印刷股份有限公司
经　　销：全国新华书店
幅面尺寸：213 mm × 285 mm　印张：5　字数：160千字
版　　次：2014年10月第1版　2014年10月第1次印刷
定　　价：29.00元